赢在手绘

28天高分学成景观手绘效果图

张 达◎编著

小品 / 庭院 / 景观 / 建筑
零基础到高分侠的完美蜕变

中国电力出版社
CHINA ELECTRIC POWER PRESS

内 容 提 要

　　手绘效果图是当今最热门的实用美术技能之一，徒手表现景观设计需要经过系统且长期的训练，在创意中进行手绘就更显示设计者的功力了。本书从零开始讲授景观手绘效果图的各种技法，将马克笔与彩色铅笔的创造能力发挥至极，综合多种绘画技法，让读者在短期内迅速提高景观效果图的表现水平，同时融入个人的创意表现能力。本书适合大中专院校艺术设计、建筑设计在校师生阅读，同时也是相关专业研究生入学考试的参考用书。

图书在版编目（CIP）数据

28天高分学成景观手绘效果图 / 张达等编著. —北京：中国电力出版社，2018.5
（赢在手绘）
ISBN 978-7-5198-1916-3

Ⅰ．①2… Ⅱ．①张… Ⅲ．①景观－园林设计－绘画技法 Ⅳ．①TU986.2

中国版本图书馆CIP数据核字(2018)第068972号

出版发行：中国电力出版社
地　　址：北京市东城区北京站西街19号（邮政编码100005）
网　　址：http://www.cepp.sgcc.com.cn
责任编辑：乐　苑　010-63412380
责任校对：李　楠
装帧设计：弘承阳光
责任印制：杨晓东

印　　刷：北京盛通印刷股份有限公司
版　　次：2018年5月第一版
印　　次：2018年5月北京第一次印刷
开　　本：880毫米×1230毫米　16开本
印　　张：10
字　　数：322千字
定　　价：58.00元

前 言

手绘效果图是环境设计师、景观设计师、建筑设计师的必备基本功。改革开放以来，随着社会生活向快节奏方向发展，室内外设计也提倡高效率，以往需要三五天时间完成的设计工作现在不到一天就要提出方案，大量的设计项目给设计师们带来巨大压力。于是，手绘效果图的绘制工具和绘画技法开始不断演进，以适应新的工作要求。

传统手绘效果图大多追求写实，极力发挥笔刷与颜料的表现力。20世纪90年代后期，计算机渲染技术开始普及，计算机效果图逐渐取代了精致而又消耗时间的手绘图。以一幅四开规格的室内设计效果图为例，采用严谨的透视技法和细腻的水粉颜料绘制，需要一周左右才能完成，而运用3ds Max软件只需3～5小时，并且还能随意更改。进入21世纪以来，计算机渲染技术得到迅速推广，图面效果更加真实。手绘效果图开始成为设计师表达创意元素，以图代字的记录手段，以往复杂的水彩、水粉等流体颜料开始退出历史舞台，取而代之的是马克笔、彩色铅笔、快速绘图笔等工具。现代手绘效果图图面效果轻松洒脱，在把握透视关系的同时还能随意增减细节，强化空间层次，将以文字或口头表达的装饰细节全部转移到效果图中，真正做到图文一体化设计。

手绘效果图的快速表现技法很多，甚至因人而异，然而深入细节的技法却基本相同，学习手绘效果图很容易被优秀作品的表象风格和洒脱笔触所感染，在绘画中将注意力放在运笔方式上，但那些所谓的"风格"不能从本质上提升绘画水平，真正能提升水平的是效果图中的形体结构、透视空间、色彩搭配和绘图时的平静心态。

表现形体结构在于线条准确，横平竖直之间能塑造出端庄的棱角，要做到稳重绘制短线条，分段绘制长线条。透视空间要求统一、自然，正确选用透视角度，表现简单的局部环境一般选用一点透视；表现复杂的整体环境可以选用两点透视；空旷的场景可以提升视点高度，以获得鸟瞰视角；紧凑的场景可以适当降低视点高度，以获得仰望视角，甚至形成三点透视，提升表现对象的宏伟气势。单幅画面中的色彩选配以70%同色系为主，强化画面基调，另外30%用于补充其他色彩，丰富画面效果。避免使用黑色来强化阴影，适度留白形成明快的对比。提升手绘水平的主观因素来源于绘图者的心理素质，优秀的手绘作品需要保持平和、稳定的心态去创作，一幅完整的作品由大量的线条和笔触组成，每一次落笔都要起到实质性作用，当这些线条和笔触全部到位时，作品也就完成了，无须额外增加修饰，绘图时要以平静的心态去应对这复杂的过程，不能急于求成。当操作娴熟后可以从局部入手，由画面的重点部位开始，逐步向周边扩展，当全局完成后再做统一调整，这样既能建立自信心，又能分清画面的主次关系，是平稳心态的最佳方式。

多年来，我们一直都在从事手绘效果图的研究，无论是教学还是实践，希望能总结出一套"极速秘籍"，革命性地提升工作效率，然而多次实践证明，深入的手绘图需要大量烦琐的线条和笔触来表现，而绘制这些线条就得花费时间。这部书中的手绘效果图均在极短的时间内完成，将形体结构、透视空间和色彩搭配通过平静的心态整合在一起，表现出深入而又完整的画面效果。

希望这部书能给学习手绘效果图的设计师、大中专院校同学、美术爱好者带来帮助，也希望大家提出宝贵意见，永远支持手绘事业。参与本书编写的还有刘涛、闫永祥、柏雪、鲍莹、杜海、付洁、付士苔、胡爱萍、蒋林、李平、李钦、刘波、刘敏、刘艳芳、卢丹、罗浩、吕菲、毛婵、马一峰、邱丽莎、权春艳、施艳萍、孙莎莎、孙末靖、唐茜、汤留泉、万阳、王红英、吴程程、吴方胜、肖萍、杨清、姚丹丽、张刚、张航、张慧娟、赵媛、周权、董成、汪建成、祖赫。

2018年3月

目 录

前言
28天手绘效果图学习计划

第一章　手绘基础

第一节　手绘工具/002
第二节　绘图习惯/004
第三节　线条练习/006
第四节　透视基础/012

第二章　景观单体表现

第一节　线稿与着色方法/018
第二节　门窗表现/020
第三节　小品表现/022
第四节　灌木表现/028
第五节　乔木表现/032
第六节　花卉表现/036
第七节　水体水景表现/040
第八节　天空云彩表现/044

第三章　景观效果图步骤

第一节　小品构筑/048
第二节　喷泉水景/052
第三节　私家庭院/056
第四节　小区景观/060
第五节　公园景观/064
第六节　鸟瞰规划/068

第四章　作品欣赏与摹绘

第五章　快题设计作品

28天手绘效果图学习计划

第1天	准备工作	购买各种绘制工具，笔、纸、尺规、画板等，熟悉工具的特性，尝试着临摹简单家具、小品、绿植、配饰品等。
第2天	养成习惯	根据本书的内容，纠正自己以往的绘图习惯，包括握笔姿势、选色方法等，强化练习运笔技法，将错误、不当的技法抛在脑后。
第3天	线条练习	对各种线条进行强化训练，把握好长直线的绘画方式，严格控制线条交错的部位，要求对圆弧线、自由曲线能一笔到位。
第4天	巩固透视	无论以往是否系统地学过透视，现在都要配合线条的练习重新温习一遍，透彻理会一点透视、两点透视、三点透视的生成原理。
第5天	前期总结	先临摹2~3张A4幅面线稿，以简单的小件物品为练习对象，再对照实景照片，绘制2~3张A4幅面简单小件物品。
第6天	门窗表现	临摹本书门窗结构效果，注重门窗的长宽比例关系，着色时强化记忆门窗玻璃与框架的配色，区分不同材质门窗的运笔方法。
第7天	小品表现	先临摹2~3张A4幅面小品构筑物，厘清小品构筑物的结构层次，特别注意转折明暗交接线部位的颜色，再对照实景照片，绘制2~3张A4幅面简单的小件物品。
第8天	灌木表现	先临摹2~3张A4幅面灌木植物，分出灌木的多种颜色，厘清光照的远近层次，再对照实景照片，绘制2~3张A4幅面简单的灌木植物。
第9天	乔木表现	先临摹2~3张A4幅面乔木植物，分出乔木的多种颜色，厘清光照的远近层次，再对照实景照片，绘制2~3张A4幅面简单的乔木植物。
第10天	花卉表现	先临摹2~3张A4幅面花卉植物，分出花卉多种颜色，厘清花卉与绿叶之间的关系，再对照实景照片，绘制2~3张A4幅面简单的花卉植物。
第11天	水体水景	先临摹两张A4幅面水体水景，注重反光颜色与高光颜色之间的关系，配置水体水景周边的山石、围坛，再对照实景照片，绘制两张A4幅面水体水景。
第12天	天空云彩	先临摹两张A4幅面天空云彩，找准云彩的颜色，适当运用彩色铅笔来增加层次，注重运笔的方向，搭配远景建筑、树木来创作绘制。
第13天	中期总结	自我检查、评价前期关于景观单体表现的绘画图稿，总结其中形体结构、色彩搭配、虚实关系中存在的问题，将自己绘制的图稿与本书作品对比，重复绘制一些存在问题的图稿。
第14天	小品构筑	参考本书关于小品构筑的绘画步骤图，搜集两张相关实景照片，对照照片绘制两张A3幅面小品构筑效果图，注重图面的虚实变化，避免喧宾夺主。

第15天	喷泉水景	参考本书关于喷泉水景的绘画步骤图，搜集两张相关实景照片，对照照片绘制两张A3幅面喷泉水景效果图，注重水体的反光与高光，深色与浅色相互衬托。
第16天	私家庭院	参考本书关于私家庭院的绘画步骤图，搜集两张相关实景照片，对照照片绘制两张A3幅面私家庭院效果图，注重绿化植物的色彩区分，避免重复使用单调的绿色来绘制植物。
第17天	小区景观	参考本书关于小区景观的绘画步骤图，搜集两张相关实景照片，对照照片绘制两张A3幅面小区景观效果图，注重地面的层次与天空的衬托，重点描绘1~2处细节。
第18天	公园景观	参考本书关于公园景观的绘画步骤图，搜集两张相关实景照片，对照照片绘制两张A3幅面公园景观效果图，注重空间的纵深层次，适当配置人物来拉开空间深度。
第19天	鸟瞰规划	参考本书关于鸟瞰规划的绘画步骤图，搜集两张相关实景照片，对照照片绘制两张A3幅面鸟瞰规划效果图，注重取景角度和远近虚实变化，避免画成平面图。
第20天	后期总结	自我检查、评价前期关于景观整体效果图的绘画图稿，总结其中形体结构、色彩搭配、虚实关系中存在的问题，将自己绘制的图稿与本书作品对比，重复绘制一些存在问题的局部图稿。
第21天	快题立意	根据本书内容，建立自己的景观快题立意思维方式，列出快题表现中存在的绘制元素，如植物、小品、建筑等，绘制并记住这些元素，绘制两张A3幅面小区、公园、校园、广场平面图，厘清空间尺寸与比例关系。
第22天	快题实战	实地考察周边住宅小区，或查阅搜集资料，独立构思设计一处较小规模住宅小区平面图，设计并绘制重点部位的立面图、效果图，编写设计说明，一张A2幅面。
第23天	快题实战	实地考察周边街头公园，或查阅搜集资料，独立构思设计一处较小规模公园平面图，设计并绘制重点部位的立面图、效果图，编写设计说明，一张A2幅面。
第24天	快题实战	实地考察周边室外广场，或查阅搜集资料，独立构思设计一处中等规模室外广场平面图，设计并绘制重点部位的立面图、效果图，编写设计说明，一张A2幅面。
第25天	快题实战	实地考察周边室外儿童乐园，或查阅搜集资料，独立构思设计一处儿童乐园平面图，设计并绘制重点部位的立面图、效果图，编写设计说明，一张A2幅面。
第26天	快题实战	实地考察周边室外车站、喷泉、售货亭等小型建筑，或查阅搜集资料，独立构思设计一处小型建筑三视图，设计并绘制效果图，编写设计说明，一张A2幅面。
第27天	快题实战	实地考察周边商业、文化中型建筑，或查阅搜集资料，独立构思设计一处中型建筑三视图，设计并绘制效果图，编写设计说明，一张A2幅面。
第28天	备考总结	反复自我检查、评价绘画图稿，再次总结其中形体结构、色彩搭配、虚实关系中存在的问题，将自己绘制的图稿与本书作品对比，快速记忆一些自己存在问题的部位，以便在考试时能默画。

第一章　手绘基础

第一节　手绘工具

一、铅笔

在手绘效果图中，一般会选择1B或2B的铅笔绘制草图。因为1B或2B铅笔的硬度是比较适合手绘的手感的。太硬的铅笔有可能在纸上留下划痕，如果修改重新画的时候纸上可能会有痕迹，影响美观，而且手感不好，摩擦力会比较大。太软的铅笔对于手绘来说可能力度又不够，很难对形体轮廓进行清晰的表现。

与传统铅笔相比，自动铅笔更适合手绘。选用自动铅笔，绘画者可以根据个人习惯选择不同粗细的笔芯，一般认为0.7的笔芯比较适合，但是也有人选用0.5的笔芯，这个主要看个人的手感和习惯。此外，传统铅笔需要经常削，也不好控制粗细，因此现在大多数人更愿意选择自动铅笔。

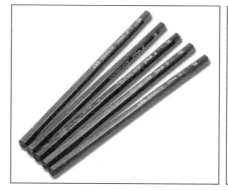
▲2B绘图铅笔

▲自动铅笔

二、绘图笔

绘图笔又称为针管笔，笔尖较软，用起来手感很好，比较舒服。而且绘图笔画出来的线条十分均匀，画面会显得很干净。型号一般选用0.1mm、0.2mm、0.3mm，还有粗一点的0.5mm、0.8mm型号的，但是用的不多，可以按需购买。一般选用三菱、樱花等品牌，但是价格略高，初学者在练习比较多的时候可以选择英雄或晨光，价格便宜。

虽然网络上有很多用圆珠笔手绘的图，但是我们学习专业的手绘是绝对不能用圆珠笔或者水性笔的。因为圆珠笔容易形成墨团而且会溶于马克笔，所以画出的效果图会给人很脏的感觉。此外，如果长期练习A3幅面的手绘效果图，可以选用质量较好的中性笔，0.35mm与0.5mm各备一支，绘制线条的粗细可以轻松把握，而且线条效果与绘图笔非常接近。

▲绘图笔

▲中性笔

手绘贴士

廉价的中性笔绘制线条时并不流畅，后期熟练了可以考虑购买品牌或进口中性笔。优质中性笔的绘画手感要高于绘图笔。

第1天
做什么

购买各种笔、纸、工具，购买量根据个人水平能力来定。在学习初期，画材的消耗量较大，待操作熟练了，水平提升了，画材的消耗就很稳定。初期可以购买廉价的产品，后期再购买品牌产品。

制订一个比较详细的学习计划，将日程细化到一天甚至半天，根据日程来控制进度，至少每天都要动笔练习，这样才能快速提升手绘效果图的水平。

▲美工钢笔

▲美工钢笔笔尖

▲草图笔

▲马克笔

▲医用酒精

▲油性彩色铅笔

▲水溶性彩色铅笔

▲白色笔

▲涂改液

三、美工钢笔与草图笔

手绘美工钢笔的笔尖与普通钢笔的笔尖不一样，是扁平弯曲状的，适合勾线。初学者可以选择便宜一点的国产钢笔，后期最好选择好一点的红环、LAMY等品牌钢笔。

草图笔画出来的线条比较流畅，但是比一般针管笔粗，也可以控制力度画出稍细的线条，一气呵成地画出草图。针管笔线条均匀，适合细细勾画线条。目前日本派通的草图笔用得比较多。

四、马克笔

马克笔是手绘的主要上色工具，通常选用酒精性（水性）马克笔。马克笔笔头有双头的，可以绘制粗细不同线条，而且适合手绘大面积上色。全套颜色可达300种，但是一般手绘根据个人需要购买80~100支就够了。当马克笔出现干涸时，可以打开笔头，用注射器注入普通医用酒精，能延长马克笔的使用寿命。初学者可以选购国产Touch3代或4代，性价比较高。好一点的可以选择美国犀牛、AD、韩国Touch等，颜色更饱满，墨水更充足。

五、彩色铅笔

彩色铅笔是一种非常容易掌握的涂色工具，画出来的效果以及外形都类似于铅笔，一般用于整齐排列线条来强化色彩、材质的层次。彩色铅笔有单支系列、12色系列、24色系列、36色系列、48色系列、72色系列、96色系列等。一般选择48色或72色系列的即可。彩色铅笔有油性与水溶性两种，以马克笔为主的手绘效果图通常不考虑水溶技法，可以直接选购价格更便宜的非水溶油性彩色铅笔。

六、白色笔与涂改液

白色笔是在效果图表现中提高画面局部亮度的好工具，白色笔以日本樱花牌最为畅销。

涂改液的作用与白色笔相同，只是涂改液的涂绘面积更大，效率更高，适合反光、高光、透光部位点绘。

第二节　绘图习惯

一、握笔的手法

　　手绘效果图时需要注意的几个握笔的要点。握铅笔时，小指轻轻放在纸上，压低笔身，再开始画线，这样可以让手指作为一个支撑点，能稳住笔尖，画出比较直的线条。握绘图笔或中性笔的手法与普通书写时无差异，但是在画快线时，特别是画横线时，手臂要跟着手一起运动，这样才能保证速度快线条直。当基础手绘练习得比较熟练时，可以把笔尖拿得离纸张远一点，提高手绘速度；运笔时要控制笔的角度，保证倾斜的笔头与纸张全部接触。正面握笔角度为45°左右，侧面握笔角度为75°左右。

二、选笔的习惯

　　绘图笔的粗细品种很多，在A3幅面图纸中绘制，一般可以选用0.2mm、0.4mm、0.8mm3种型号，其他幅面参考A3幅面来变化。一般先用粗笔绘制主体轮廓线，再逐渐选用较细的型号。很多初学者对自己的运笔技法不自信，常常先用细笔，再用粗笔来重复描绘轮廓，造成不必要的双线，效果并不好。

　　马克笔的选笔是很多初学者比较纠结的问题，马克笔种类买得过多会导致无法快速选择合适的颜色，买得过少又画不出多样的变化来。解决这个问题其实比较简单，在着色之前，应当根据表现对象，从笔袋/盒中一次性选出合适的马克笔，复杂的表现对象最多只选3支，分别是浅色、中间色、深色，简单的表现对象只选2支。不必去记树木用多少号，天空用多少号等，只根据画面关系来把控，用选出来的马克笔从浅色到中间色，最后到深色依次着色。先选用的浅色着色面积较大，中间色与深色的着色面积逐渐减小，就能表现出良好的形体关系。当形体关系表现到位后，再选择辅助颜色来丰富画面，例如在以绿色为主的树木旁增添少量橘红色花卉与褐色泥土，既能丰富画面，又能避免绿色的单调。当着色完毕后，用过的马克笔不要放回笔袋/盒，最后在整体调整中可能还会用到，避免再次寻找

▲正面握笔角度　　　　▲侧面握笔角度

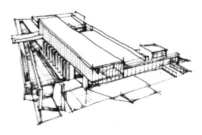

▲运用粗、中、细多种绘图笔绘制线稿

▲选好笔再绘制

▲保持彩色铅笔尖锐状态　　　▲覆盖马克笔区域

▲绿化植物绘制　　　▲建筑与街道绘制

用过的马克笔而浪费时间。

　　彩色铅笔一般用于面积较大的平涂区域。当马克笔着色完成后，马克笔的笔触之间会存在少量的颜色叠加或飞白，彩色铅笔能迅速覆盖和填补这些区域，让画面显得更稳重。彩色铅笔只用于中间色或深色区域，浅色区域一般不用。在选择时，应当选用比该区域深一些的颜色，这样才能起到覆盖的作用。运笔方式一般以倾斜45°为佳，右手持笔绘制出来的线条为左低右高的45°斜线，笔尖时刻保持尖锐状态，这样能绘制出更密集更细腻的线条，形成良好的覆盖面。

三、用笔的步骤

　　以马克笔为主的手绘效果图表现最大的优势就是快速，如果没有养成良好且严格的用笔步骤，容易在同一个局部反复绘制，导致画面脏灰。比较科学的用笔步骤是：

　　首先，采用铅笔绘制基本轮廓；

　　然后，用绘图笔或中性笔绘制详细轮廓，并用橡皮擦除铅笔痕迹；

　　接着，开始用马克笔着色，用彩色铅笔有选择地覆盖密集线条；

　　最后，用深色马克笔和绘图笔或中性笔加深暗部，用白色涂改液提亮高光或透白。

第2天

做什么

　　在绘图过程中常见的不良习惯有以下四种，要特别注意更正：

　　1. 长期依赖铅笔绘制精细的形体轮廓，认为一旦用了绘图笔或中性笔就不能修改了，造成铅笔绘制时间过长而浪费时间，擦除难度大而污染画面。依赖铅笔绘制精细的形体轮廓是对自己不自信，担心画不好，画不好可以单独练习线条，待线条完全操控到位了再正式开始绘制。

　　2. 对形体轮廓描绘和着色这两个步骤先后顺序没有厘清，一会儿用绘图笔绘制轮廓，一会儿用马克笔着色，一会儿又拿起绘图笔强化结构，在短时间内反复多次容易造成两种笔墨之间串色，导致画面污染。应当严格厘清前后关系，先轮廓后着色，这样能避免后期用马克笔反复涂绘而遮盖前期的轮廓。

　　3. 停留在一个局部反复涂绘，总觉得没画好，认为只有继续涂绘才能挽救。马克笔选色后涂绘是一次成形，只能深色覆盖浅色，而浅色是无法覆盖深色的。

　　4. 大量使用深色甚至黑色马克笔，认为只有加深颜色才能凸显效果，而效果其实来自于对比，如果画面四处都是深色也就没有了对比，效果无从谈起。在整体画面中，按笔触覆盖面积来计算，比较合理的层次关系应该是15%深色，50%中间色，30%浅色，5%透白或高光。

第三节 线条练习

线条是塑造表现对象的基础，几乎所有的效果图表现技法都需要一个完整的形体结构。线条结构表现图的用途很广泛，包括设计工作的方方面面，如收集素材、记录形象、设计草案、图面表现等，严谨正确的绘制方法需要长期训练。

一、线条用笔

手绘效果图最流行的绘制工具是自动铅笔、绘图笔（针管笔）、中性笔、美工钢笔4种。

1. 自动铅笔

自动铅笔取代了传统铅笔，可以免削切，一般有0.35mm、0.5mm和0.7mm3种，根据效果图绘制的幅面大小来灵活选用，线条自由飘逸、轻重缓急随意控制。自动铅笔一般用来绘制底稿，力度要轻，以自己能勉强看见为佳，以免着色后再用橡皮擦除，破坏了整体图面的色彩饱和度。

2. 绘图笔

绘图笔主要有两种，一种是传统机械式绘图笔，又称为针管笔；一种是一次性绘图笔。前者可以填充墨水，多次使用，线条纯度高，绘制后要等待干燥，日常还需注意保养维护；后者使用轻松，但时间久了线条色彩会越来越浅，需要经常更换，使用成本较高。

3. 中性笔

中性笔主要用于书写，绘制连续线条时可能会出现粗细不均的现象。中性笔主要用来临时表达设计创意，也可以在此基础上覆盖马克笔或彩色铅笔着色。中性笔笔芯可以更换，一般为0.35mm、0.5mm，其中0.35mm一般用于绘制在纸张上，0.5mm中性笔可以在施工现场使用，随意在装饰板材、墙壁上绘制草图，适用性更广。目前，市面上还能买到红、绿、蓝、褐等多种色彩笔芯，丰富了线条结构的表现。

4. 美工钢笔

美工钢笔又称为速写钢笔，笔尖扁平，能绘制出形态各异的线条，粗细随意掌握，一般用于临时性结构效果表现，或者用来加强形体轮廓。更多的设计师习惯用于户外写生或快速记录施工现场的环境构造。

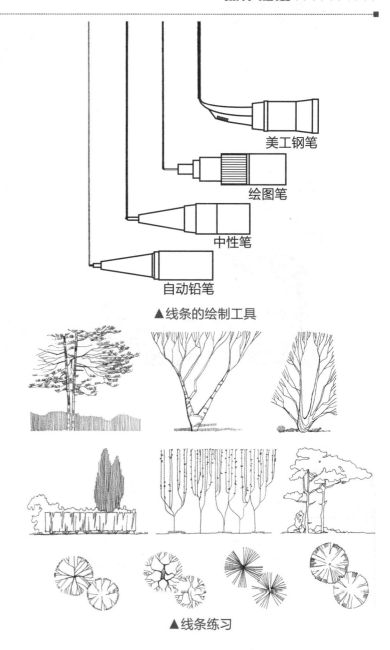

▲线条的绘制工具

美工钢笔

绘图笔

中性笔

自动铅笔

▲线条练习

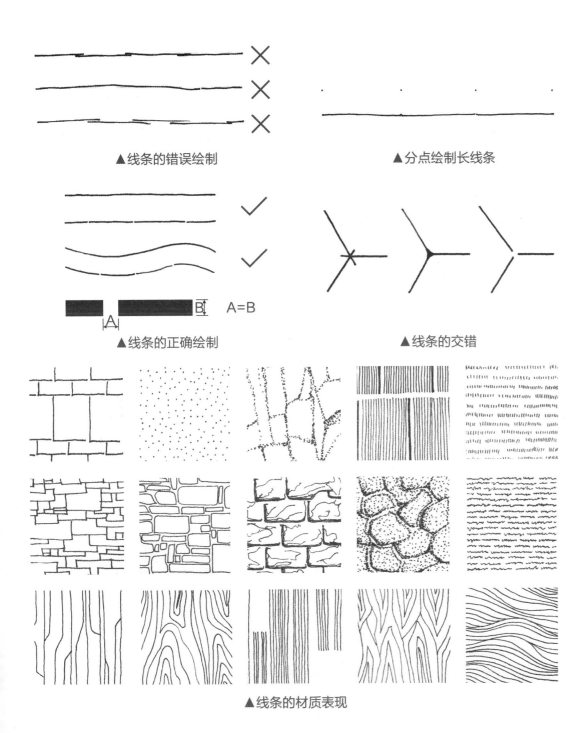

▲线条的错误绘制　　　　　　　　　　▲分点绘制长线条

▲线条的正确绘制　　　　　　　　　　▲线条的交错

A=B

B
A

▲线条的材质表现

二、线条基础绘制技法

　　各种线条的组合能排列出不同的效果，线条与线条之间的空白能形成视觉差异，出现不同的材质感觉。此外，经常用线条表现一些环境物品，将笔头练习当作生活习惯，可以快速提高表现能力，树木、花草、家具都是很好的练习对象。绘制这些景物要完整，待观察、思考后再作绘制，不能半途而废。针对复杂的树木，要抓住重点，细致表现局部；针对简单的家具，要抓住转折，强化表现结构。手绘线条要轻松自然，善于利用日常零散时间做反复练习。

　　绘制短线条时不要心急，一笔一线来绘制，切忌连笔、带笔，笔尖与纸面最好保持75°左右，使整条图线均匀一致。绘制长线条时不要一笔到位，可以分成多段线条来拼接，接头保持空隙，但空隙的宽度不宜超过线条的粗度。线条过长可能会难以控制它的平直度，可以先用铅笔做点位标记，再沿着点标来连接线条，绘图笔的墨水线条最终可以遮盖铅笔标记。线条绘制宁可局部小弯，但求整体大直。需要表达衔接的结构，两根线条可以适度交错；强化结构时，可以适度连接；虚化结构时，可以适度留白。绘制整体结构时，外轮廓的线条应该适度加粗强调，尤其是转折和地面投影部位。

　　为了快速提高，可以抓住生活中的瞬间场景，时常绘制一些植物、空间形体，有助于熟悉线条的表现能力。

第3天
做什么

不要急忙着色，先对线条进行强化训练，把握好长直线的绘画方式，严格控制线条交错的部位，对圆弧线、自由曲线能一笔到位。

三、线条强化练习

1. 直线

直线分快线和慢线。画慢线是眼睛盯着笔尖画，容易抖，画出的线条不够灵动。画快线是一气呵成，但是容易出错，修改不方便。国内目前有很多用慢线画的效果图，慢线画的效果图的冲击力不够，给人比较严谨死板的感觉；但是快线要求有比较强的绘制能力，需要大量的练习才能掌握到精髓。

画长线的时候最好分段画。人能够保持精神集中的时间不长，把长线分成几段断线来画肯定会比一口气画出的长线直。分段画的时候，短线之间需要留一定的空隙，不能连在一起。

画直线的时候起笔和收笔非常重要。起笔和收笔的笔锋能够体现绘画者的绘画技巧以及熟练程度。起笔、收笔不同的大小往往能表现绘画者的绘画风格。

画交叉线的时候一定要注意的是两条线一定要有明显的交叉，最好是反方向延长的线，我们才能看得清。这样做交叉是为了防止两条线的交叉点出现墨团；交叉的方式也给了绘画者延伸的想象力。

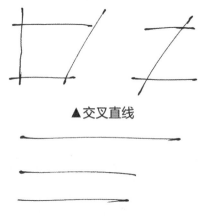

▲交叉直线

▲直线的起笔与收笔

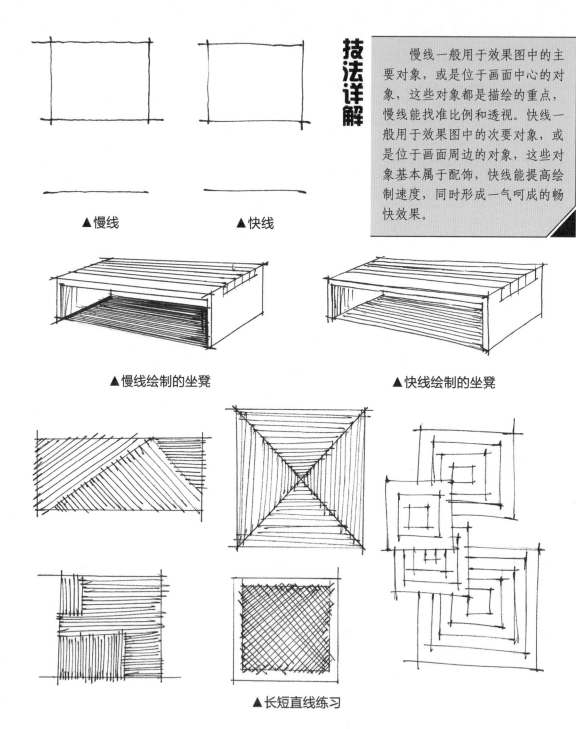

技法详解

慢线一般用于效果图中的主要对象，或是位于画面中心的对象，这些对象都是描绘的重点，慢线能找准比例和透视。快线一般用于效果图中的次要对象，或是位于画面周边的对象，这些对象基本属于配饰，快线能提高绘制速度，同时形成一气呵成的畅快效果。

▲慢线　　　　▲快线

▲慢线绘制的坐凳　　　　▲快线绘制的坐凳

▲长短直线练习

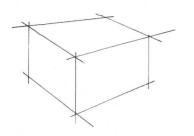

▲用尺绘制

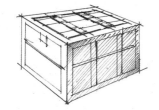

▲徒手绘制

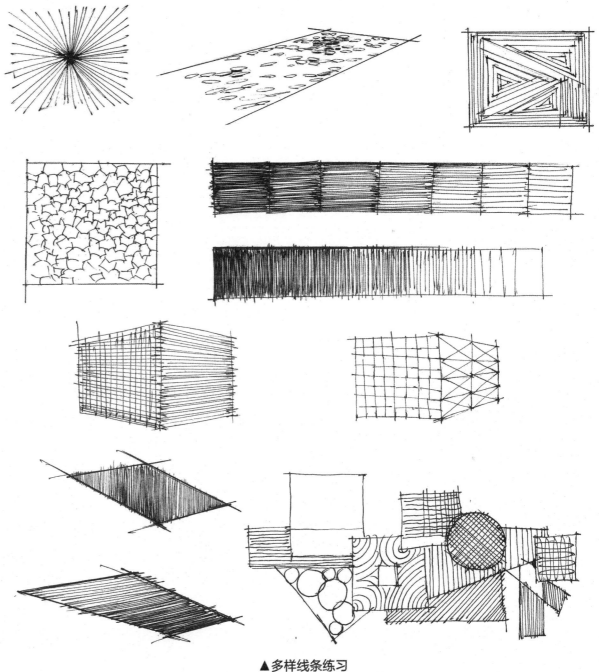

▲多样线条练习

2. 曲线

曲线和长线一样需要分段画，才能把比例画好。如果一气呵成可能导致画的不符合正常比例，修改不方便。曲线需要一定的功底才能画好，线条才能流畅生动。所以需要大量的练习，才能熟练掌握手绘基础。

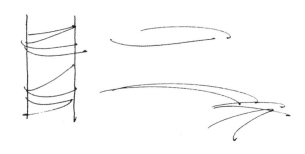

▲曲线

3. 乱线

乱线在表现植物、阴影等的时候会运用得比较多。画乱线有一个小技巧，直线曲线交替画，画出来的线条才会既有自然美又有规律美。

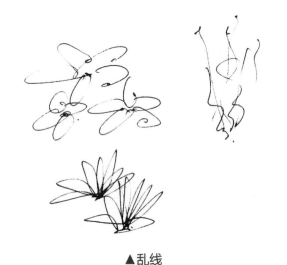

▲乱线

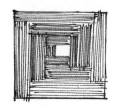

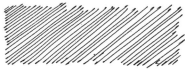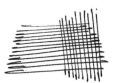

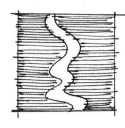

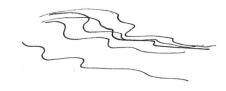

▲多样线条练习

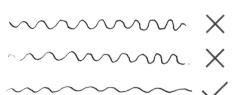

▲波浪线的画法

技法详解

波浪线适用于绿化植物、水波等配景的表现，也可以用于密集排列形成较深的层次。绘制波浪线尽量控制好每个波浪起伏的大小一致，波峰之间的间距保持一致，线条粗细保持一致即可。

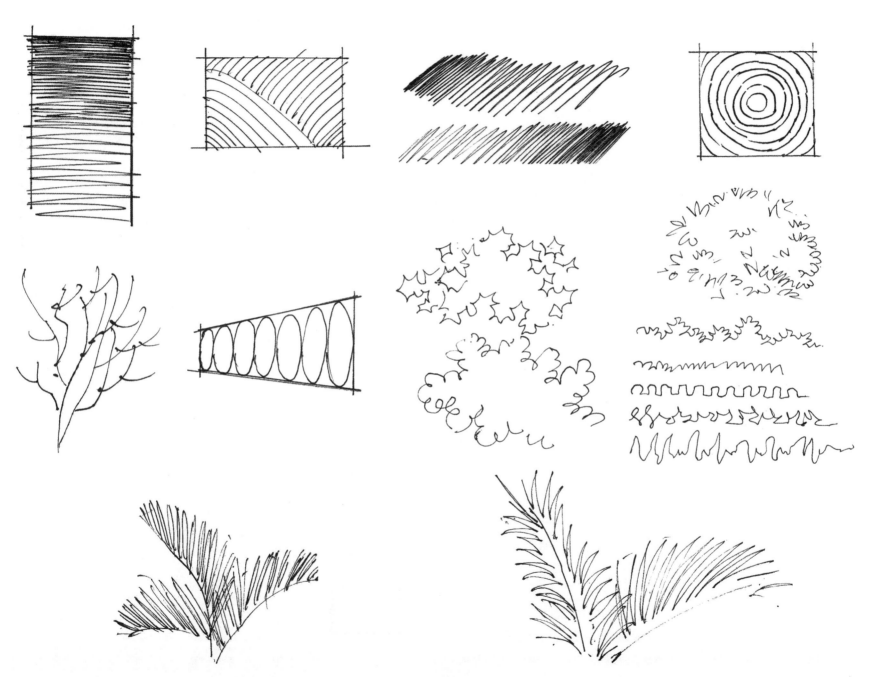

▲多样线条练习

第四节　透视基础

一、透视原理

  手绘效果图的基础就是塑造设计对象形体的基础，对象形体表达完整了，效果图才能深入下去。绘制效果图必须掌握透视学的基本原理以及常用的制图方法，一张好的手绘效果图必须符合几何投影规律，较真实地反映预想或特定的空间效果。透视图是三维图像在二维空间的集中表现，它是评价一个设计方案的好方法。利用透视图，可以观察项目中的设计对象在特定环境中的效果，从而在项目进展的初期就能发现可能存在的设计问题，并将之很好地解决。逼真而又充满现实主义色彩的透视图，能让观众更好地理解最终的设计作品，这将有助于最大化发挥手绘效果图的经济效益。

  物体在人眼视网膜上的成像原理与照相机通过镜头在底片上的成像原理是一致的，只是人在用双眼来观察世界，而一般相机只用一个镜头来拍摄。如果我们假设在眼睛和物体之间设一块玻璃，那么在玻璃上所反映的就是物体的透视图。透视图的基本原则有两点，一是近大远小，离视点越近的物体越大，反之越小；二是不平行于画面的对象平行线其透视交于一点。

  透视主要有三种方式：一点透视（平行透视），两点透视（成角透视）和三点透视。在一点透视中，观察者与面前的空间平行，只有一个消失点，所有的线条都从这个点投射出，设计对象呈四平八稳的状态，有利于表现空间的端庄感和开阔感。在两点透视中观察者与面前的建筑或者空间形成一定的角度，建筑上所有的线条源于两个消失点，即左消失点和右消失点，它有利于表现设计对象的细节和层次。三点透视很少使用，在现实中也很少能感受到三点透视，它与两点透视比较类似，只是观察者的脑袋有点后仰，就好像观察者在仰望一座高楼，它适合表现高耸的建筑和内部空间。

  观察者所站的高度也决定着对建筑或者其他对象的观察方式。仰视是一种从地面或地面以下高度向上看的方式，这种观察方式不常见。平视是最典型且最常用的方式，我们一般就是用这种方式观察周围物体的。最后一种方式是鸟瞰，即从某个对象的上方来观察它，这种方式比较适合表现设计项目的全貌。

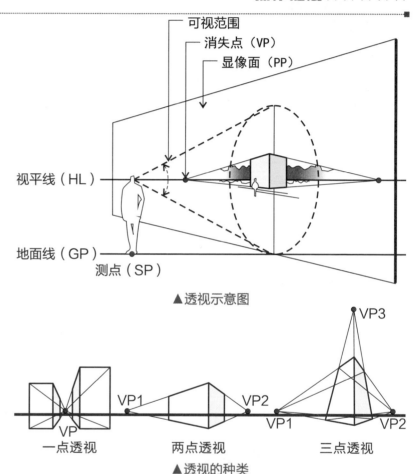

可视范围
消失点（VP）
显像面（PP）
视平线（HL）
地面线（GP）
测点（SP）

▲透视示意图

VP3
VP1
VP2
VP
一点透视　　两点透视　　三点透视

▲透视的种类

第4天

  无论以往是否系统地学过透视，现在都要配合线条的练习重新温习一遍，对透视原理知识进行巩固。透彻理会一点透视、两点透视、三点透视的生成原理。先对照本书绘制各种透视线稿，再根据自己的理解能力独立绘制一些室外景观小品、建筑的透视线稿。最初练习绘制幅面不宜过大，一般以A4为佳。

二、一点透视

　　一点透视是当人正对着物体进行观察时所产生的透视范围。一点透视中人是对着消失点的，物体的斜线一定会延长相交于消失点，横线和竖线一定是垂直且相互间是平行的。通过这种斜线相交于一点的画法才能画出近大远小的效果。

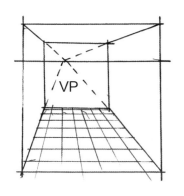

▲一点透视视点定位

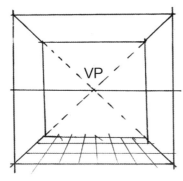

▲一点透视练习图

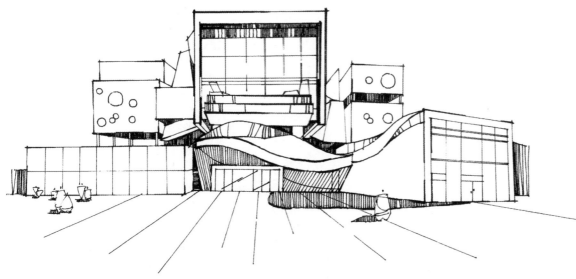

▲一点透视建筑

▲一点透视庭院

三、两点透视

当人站在正面的某个角度看物体时，就会产生两点透视。两点透视更符合人的正常视角，比一点透视更加生动实用。

一点透视是所有的斜线消失于一点上，两点透视是所有的斜线消失于左右的两点上，物体的对角正对着人的视线，所以才叫做两点透视。相较于一点透视，两点透视的难度更大，更容易画错。因为有两个消失点，所以左右两边的斜线既要相互交于一点，又要保证两边的斜线比例正常。

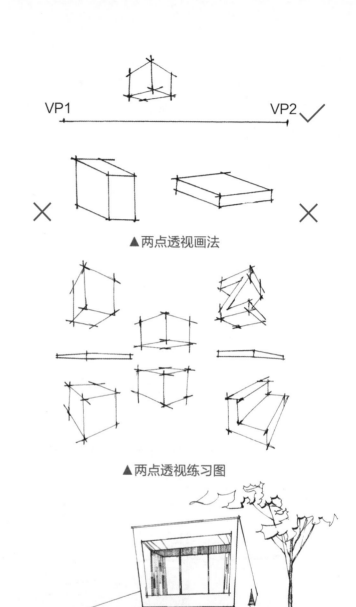

▲两点透视画法

▲两点透视练习图

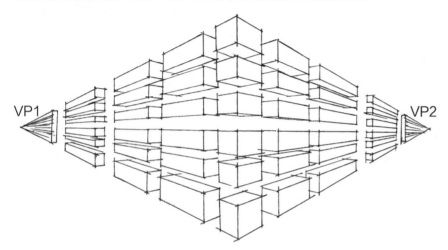

▲两点透视练习图

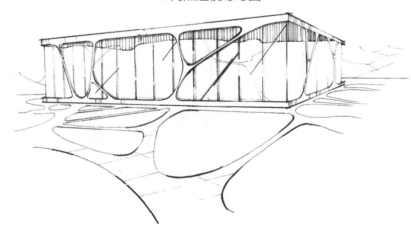

▲两点透视建筑

▲两点透视庭院

四、三点透视

　　三点透视主要用于高大建筑的外观表现效果图，绘制方法很多，真正应用起来很复杂，在此介绍一种快速实用的绘制方法。现在构建一个高层建筑的外观三点透视图，已经得知建筑的整体长、宽、高，绘制一个仰视角度的透视图，它与普通两点透视的效果类似，但是建筑顶部有向上的消失感，因此，视平线的定位要低一些。

　　在快速手绘效果图中，要定位三点透视的感觉比较简单，可以在两点透视的基础上增加一个消失点，这个消失点可以定在两点透视中左右两个消失点连线的上方（仰视）或下方（俯视），最终3个消失点的连线能形成一个近似等边三角形。

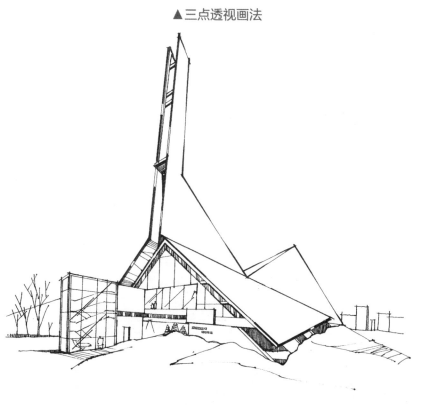

▲三点透视画法

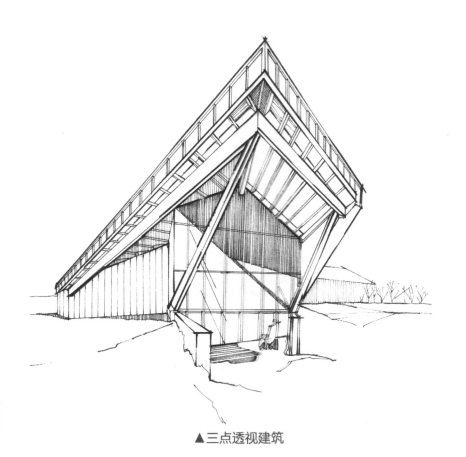

▲三点透视建筑

▲三点透视建筑

技法详解

学习手绘效果图，不仅要练习基础线条，最重要的是要学会透视原理。透视效果图不难理解，但是真正画起来也没那么容易，容易出现各种小错误。学习效果图透视一定不要操之过急，先打好基础之后，才能画出符合基本规律的效果图，再来发挥我们自己的创意与灵感。因为效果手绘图和真正的艺术是有区别的，要绘制出符合正常审美的透视图，才可能是一个成功的手绘效果图。

透视的三大要素是：近大远小、近明远暗、近实远虚。

离人的距离越近的物体画得越大，离人越远的物体画得越小，但是要注意比例。不平行于画面的平行线其透视交于一点。

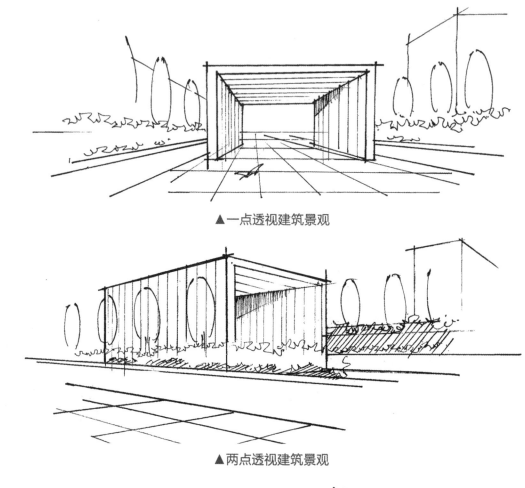

▲一点透视建筑景观

▲两点透视建筑景观

▲三点透视建筑景观（俯视）

▲三点透视建筑景观（仰视）

第二章　景观单体表现

第一节　线稿与着色方法

一、线稿绘制

前章节对线稿的基础练习做了基本介绍，线稿在手绘效果图中相当于基础骨架，要提高绘图速度就应当多强化训练，要对线稿一步到位。

初学者对形体结构不太清楚，可以先用铅笔绘制基本轮廓，基本轮廓可以很轻，轻到只有自己看得见就行，基本轮廓存在的意义主要是给绘图者建立自信心，但是不应将轮廓画得很细致，否则后期需要用橡皮来擦除铅笔轮廓，浪费宝贵时间，同时还会污染画面。比较妥当的轮廓是大部分能被绘图笔或中性笔线条覆盖，小部分能被后期的马克笔色彩覆盖。有了比较准确的基本轮廓就一定能将形体画准确，为进一步着色打好基础。

▲铅笔轻轮廓　　　　　▲中性笔线稿

二、马克笔着色

很多初学者都认为马克笔着色是最出效果的，马克笔的效果来自于马克笔的色彩干净、明快，能形成很强烈的明暗对比、色彩对比。此外，马克笔颜色品种多，便于选择也是其重要优点。但是马克笔也存在缺点，如不能重复修改，必须一步到位，笔尖较粗，很难刻画精致的细节等，这些就需要我们在绘制过程中克服。

本书图例所选用的马克笔是国产Touch3代产品，价格低廉，色彩品种多样。建议在选购时，可以购买全套168色，其中包括灰色系列中的暖灰WG、冷灰CG、蓝灰BG、绿灰GG，能满足各种场景效果图使用，可以将买到的马克笔的颜色制作成一张简单的色彩图，贴在桌旁，在绘制时可以随时查看参考。

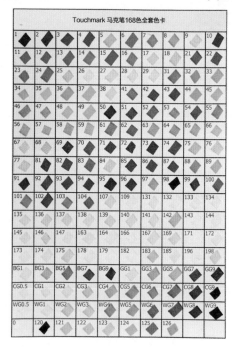

▲Touch3代马克笔色卡

第5天

做什么

对前期的练习进行总结，找到自己的弱点加强练习，先临摹2~3张A4幅面线稿，以简单的小件物品为练习对象，再对照实景照片，绘制2~3张A4幅面简单的小件物品。

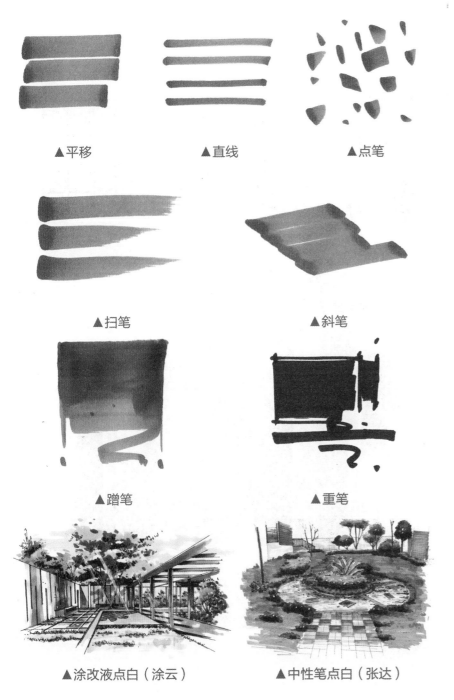

▲平移　　　　　　　　▲直线　　　　　　　　▲点笔

▲扫笔　　　　　　　　　　　　▲斜笔

▲蹭笔　　　　　　　　　　　　▲重笔

▲涂改液点白（涂云）　　　　▲中性笔点白（张达）

1. 常规技法

（1）平移。这是最常用的马克笔绘制技法。下笔的时候，要干净利落，将平整的笔端完全与纸面接触，快速、果断地画出笔触。起笔的时候，不能犹豫不决，不能长时间停留在纸面上，否则纸上会有较大面积积水，形成不良效果。

（2）直线。这与跟我们用绘图笔或中性笔绘制直线是一样的，一般用宽头端的侧锋或用细头端来画，下笔和收笔时应当做短暂停留，停留时间很短，甚至让人察觉不到，主要目的是形成比较完整的开始和结尾，不会让人感到很轻浮。由于线条很细，因此这种直线一般用于确定着色边界，但是也要注意，不应将所有着色边缘都用直线来框定，会令人感到僵硬。

（3）点笔。主要用来绘制蓬松的物体，如植物、草地等。也可以用于过渡，活泼画面气氛，或用来给大面积着色做点缀。在进行点笔的时候，注意要将笔头完全贴于纸面。点笔时可以做各种提、挑、拖等动作，使点笔的表现技法更丰富。

2. 特殊技法

（1）扫笔。在运笔同时快速地抬起笔，并加快运笔速度，用笔尖留下一条长短合适、由深到浅的笔触。扫笔多用于处理画面边缘或需要柔和过渡的部位。

（2）斜笔。斜笔技法用于处理菱形或三角形着色部位，这种运笔对于初学者很难接受，但是在实际运用中却不多，运笔可以利用调整笔端倾斜度来处理出不同的宽度和斜度。

（3）蹭笔。用马克笔快速地来蹭出一个面域。蹭笔适合过渡渐变部位着色，画面效果会显得更柔和、干净。

（4）重笔。重笔是用WG9号、CG9号、120号等深色马克笔来绘制，在一幅作品中不要大面积使用这种技法，仅用于投影部位，在最后调整阶段适当使用，主要作用是拉开画面层次，使形体更加清晰。

（5）点白。点白工具有涂改液和白色中性笔两种。涂改液用于较大面积点白，白色中性笔用于精确部位的细节点白。点白一般用在受光最多、最亮的部位，如光滑材质、水体、灯光、交界线等亮部。如果画面显得很闷，也可以点一些。但是高光提白不宜用太多，否则画面会很脏。

第二节 门窗表现

在景观效果图表现中，门窗是立面比较重要的组成部分，门窗的处理会直接影响到景观的整体效果。我们在表现时，需要将门框、窗框尽量画得窄一些，然后添加厚度，这样才会显得不单调且有立体感。一般凹入墙体的门窗在上沿部分都会有投影产生。

我们通常用中性的蓝色、绿色来表现，至于选用哪些标号的马克笔就没有定论了。不要对门窗玻璃颜色选用固定模式，应随着环境的变化来选择。如果门窗玻璃面积大，周围环境少，可以在玻璃上赋予3~5种深色；门窗玻璃面积小，周围环境多，可以在玻璃上赋予1~2种深色。颜色的选用一般首选深蓝色与深绿色，为了丰富凸面效果，可以配置少量深紫色、深褐色，但是不要用黑色。在门窗玻璃的运笔上也要注意，一般是横向运笔，不要被竖向门窗的结构所迷惑，横向运笔能让效果更整体，深色在下，浅色在上，由地面反射颜色，过渡到天空反射颜色。

当颜色赋予完成后，还要表现出玻璃光滑的质感，这也是画玻璃的重点部分。在处理光滑材质的时候，需要用很强烈的对比来塑造，一半是深色，一半是浅色，但是最重的部位还是不要用黑色，最亮的部分可以留白，也可用涂改液来提亮。现代景观设计中玻璃材质的应用很多，因此应该在玻璃材质的表现上多加练习。

非玻璃门窗一般选用较深的颜色，如黄褐色的木纹色、红棕色的铁门色等，虽然不用表现反光，但是要和周边墙面的浅色形成对比，应当采取深色门窗配浅色墙面的基本格调，如果设计特殊，也可以相反，但是门窗与墙面不能选用同一个明暗度。

第6天 做什么

临摹本章节门窗的形体结构，注重门窗的长宽比例关系，着色时强化记忆门窗玻璃与框架的配色，区分不同材质门窗的运笔方法。此外，门窗形式可以参考相关图片，或对身边的建筑拍照并打印，对着照片绘制。

▲门窗单体表现

常规门窗玻璃选用浅灰色与偏灰蓝色，再用白色涂改液画出高光

黑色线条不宜过多，只是稍许点缀

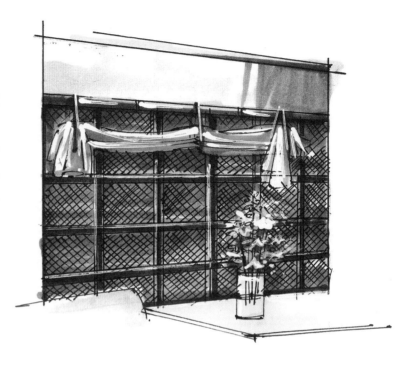

屋檐下的玻璃颜色可以加深，但是要有变化

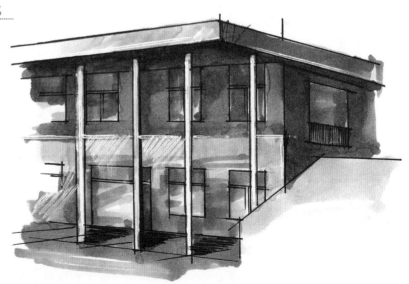

▲门窗单体表现

第三节　小品表现

小品是室外建筑、景观中的点睛之笔，一般体量较小、色彩单纯，对空间起点缀作用。室外小品多指公共艺术品，包括建筑小品、生活设施小品、道路设施小品，具体包括雕塑、壁画、艺术装置、座椅、电话亭、指示牌、灯具、垃圾箱、健身设施、游戏设施、装饰灯等。

小品在效果图的表现中，往往容易被人忽视，其实小品的绘画不仅具有室外建筑构造的体积、明暗关系，还具备多样的色彩。在结构表现时注意分清主次，主要小品可以精致绘制，深入刻画，但是不能喧宾夺主，掩盖了效果图中的主体建筑、景观；次要小品要将形体与透视绘制准确，所赋予的笔墨不应当过多，线条轻松、纤细为佳。

在选色配色中，首先考虑的是小品的固有色，然后再考虑画面的环境色。在固有色准确的基础上尽量向环境色靠近一些，但是不要失去固有色的本质。小品自身的明暗对比不宜过大，不要超过整个图面中的主要表现对象。

大多数小品的暗部面积不是很大，在选用深色时可以将两种颜色叠加，颜色会更深，体积感会更强，但是也要注意，不能在小品等次要设计绘制对象上用过深的颜色，尤其是黑色，否则会让整幅作品无止境地深下去。

最常见的室外小品是花坛、椅子、坐凳等物品，在选配颜色时要精准挑选颜色，一般对同一种材质要选择2种颜色，一深一浅，先画整体浅色，后画暗面深色。对于特别简单的次要小品可以只选择一种颜色，先画整体，后在暗面覆盖1~2遍相同色彩，如果觉得深度不够，还可以用较深的彩色铅笔倾斜45°排列线条，平涂1遍。

第7天

做什么

先临摹2~3张A4幅面小品构筑物，厘清小品构筑物的结构层次和细节，对必要的细节进行深入刻画，特别注意转折明暗交接线部位的颜色，再对照实景照片，绘制2~3张A4幅面简单的小件物品。

如果在某些局部着色过深，可以用涂改液点白，但是这种方式只适用于亮部

三种深浅不同的绿色相互覆盖，由浅到深逐层着色，适当保留一些空白

暗部可以增加黑色线条，排列出阴影效果来强化明暗对比

▲小品单体表现

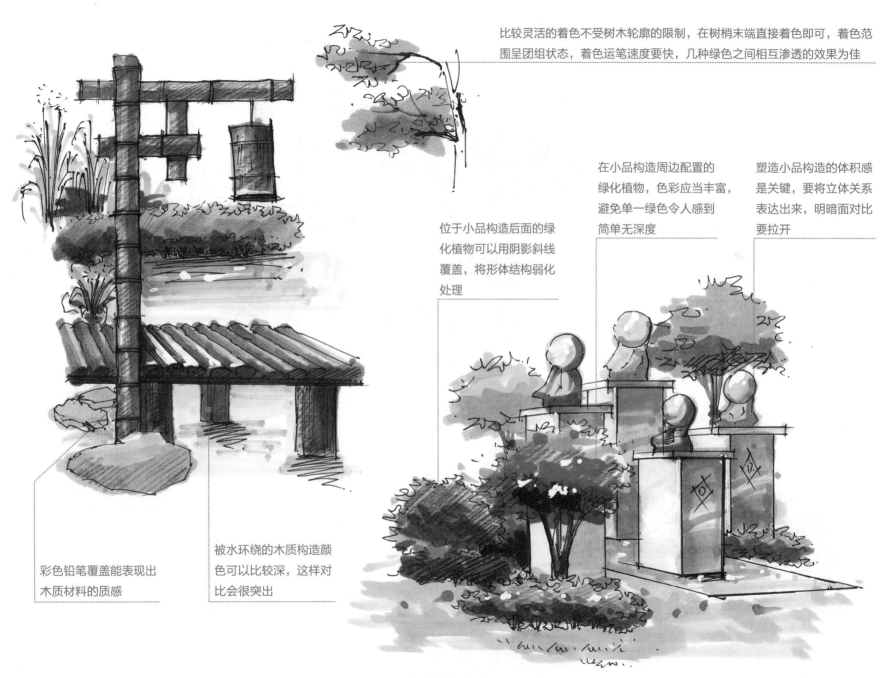

比较灵活的着色不受树木轮廓的限制，在树梢末端直接着色即可，着色范围呈团组状态，着色运笔速度要快，几种绿色之间相互渗透的效果为佳

在小品构造周边配置的绿化植物，色彩应当丰富，避免单一绿色令人感到简单无深度

塑造小品构造的体积感是关键，要将立体关系表达出来，明暗面对比要拉开

位于小品构造后面的绿化植物可以用阴影斜线覆盖，将形体结构弱化处理

彩色铅笔覆盖能表现出木质材料的质感

被水环绕的木质构造颜色可以比较深，这样对比会很突出

▲小品单体表现

为了突出小品构造，树木的着色应当简单，彩色
铅笔覆盖后显得整体感更强

白色高光笔与直尺配合能表现出阳光照射后的光
线效果，能很好地烘托环境氛围

木桶上着色时运笔方向纵横交错，表现出木
桶的粗糙质地

绿化植物上点白色
涂改液与阳光照射
光线形成呼应，光
照的效果更强烈

小品构造周边颜色
适当加深，形成半
环绕效果，突出主
体小品造型

▲ 小品单体表现

在小品构造表现中，花卉植物都应弱化，尤其是位于后部的盆栽，着色应简洁快速

坐凳材质应仔细刻画，着色应比较丰富，马克笔与彩色铅笔交替使用

坐凳的受光面颜色应当较浅，这样会显得稳重

花台受光面点一些深色斑点，表现出石材的真实纹理，更贴近自然

石质灯笼采用暖灰色，作为单体设计，对比应当强烈

在底部阴暗部位绘制螺旋线条来强化暗部深度

技法详解

小品构造的着色表现比较单一，为了避免枯燥无味，应当对简单的小品色彩复杂化处理。处理方法主要有两种：一种是对小品构造进行分解，每个形体采用不同颜色，这种方法适用于形体较大的复杂小品：另一种是丰富小品周围绿化、水景、天空的色彩，将配景颜色丰富化，但是不宜对配景进行深入刻画，否则就容易喧宾夺主。

▲小品单体表现

由于小品主体构造颜色较深，应当在背景上着同系亮色，但是颜色纯度要稍低一些

石头的体积感采用马克笔的短直线笔触来表现，将浅、中、深颜色分开，最后覆盖彩色铅笔线条，在特别深的暗部可以排列绘图笔线条进一步强化

石材水池围台用点笔表现，点笔着色不一定完全被限制在单个石材轮廓范围，但是要八九不离十，刻意在某些石材中排列绘图笔线条进一步区分明暗关系

较远的绿化颜色偏蓝

深暗的背景衬托浅色主体构造

浅色石材的颜色受周围环境的影响，仔细比较后再选择着色

距离视线较近的绿化颜色偏黄

▲小品单体表现

树木中选用少许浅黄色，与灌木花草呼应

在深色区域旁点白表现镂空

如果涂改液赋予过多，可以在涂改液表面再覆盖一遍黄色马克笔压制高光

花箱的暗部选用多种深色覆盖

在棱角处增加的高光能体现小品的主体地位

座凳底部阴影选用冷灰色加深，与主体构造形成一定色彩对比

涂改液对雨棚亮部处理能表现出良好的蓬松感

井格状线条能强化表现竹木结构，添加深色马克笔压制暗部

柜台暗部加深线条层次，能表现出丰富的层次关系

▲小品单体表现

第四节　灌木表现

操作难度★★★☆☆

　　常见的室外植物主要分为灌木和乔木两类，其中灌木形态比较低矮，成丛成组较多，在现实生活中的形态非常复杂。在手绘效果图中，不可能把所有树叶与枝干都非常写实地刻画出来。因此，要对灌木的形体进行概括。最常见的形体绘制方法就是用曲直结合的线条来绘制外轮廓，这种线条又称为抖动线。具体画法是一直二曲，即画一段直线再画两段曲线，曲线与直线相互结合，在适当的部位保持一定的空隙，通过这种表现方式能将树叶的外形快速画出来。特别注意的是，不要将灌木的外形表现得太僵硬，即使是经过修剪的灌木，轮廓也要表现得轻松、自然。

　　大多数灌木都用简单的绿色来表现。首先，用浅绿色全覆盖，大面积平铺时也要注意笔触的变化，平画与点笔交互，注意笔触的速度不宜太快，太快会留下很多空白。然后，用中间偏浅的绿色绘制，这时以点绘为主，多样变化笔触。注意保留浅色区域不要覆盖。接着，用较深的绿色绘制少量暗部，不宜选用太深的绿色或深蓝绿色，以免层次过于丰富，超越了主体建筑、景观。如果觉得颜色不够深，可以继续使用深绿色彩色铅笔在暗部与部分中间部位倾斜45°排列线条，平涂1遍。最后，待全部着色完毕后，可以有选择地在亮部、中间部采用涂改液少量点白，来表现镂空的效果。当整幅效果图绘制完毕后，可以通观全局，有选择地在主要灌木底部点上少量黑色，进一步丰富灌木的层次，增强画面中明暗对比效果。

　　此外，还需要注意的是，如果灌木在画面中的面积较大，可以考虑丰富灌木的颜色，除了绿色外，还可以选用黄绿色、蓝绿色、蓝紫色等颜色绘制不同品种的灌木，更能丰富画面效果。

第8天

做什么

　　先临摹2～3张A4幅面灌木植物，分出灌木的多种颜色，厘清光照的远近层次，要对叶片进行归纳再绘制，不能完全写实，再对照实景照片，绘制2～3张A4幅面简单的灌木植物。

▲灌木单体表现

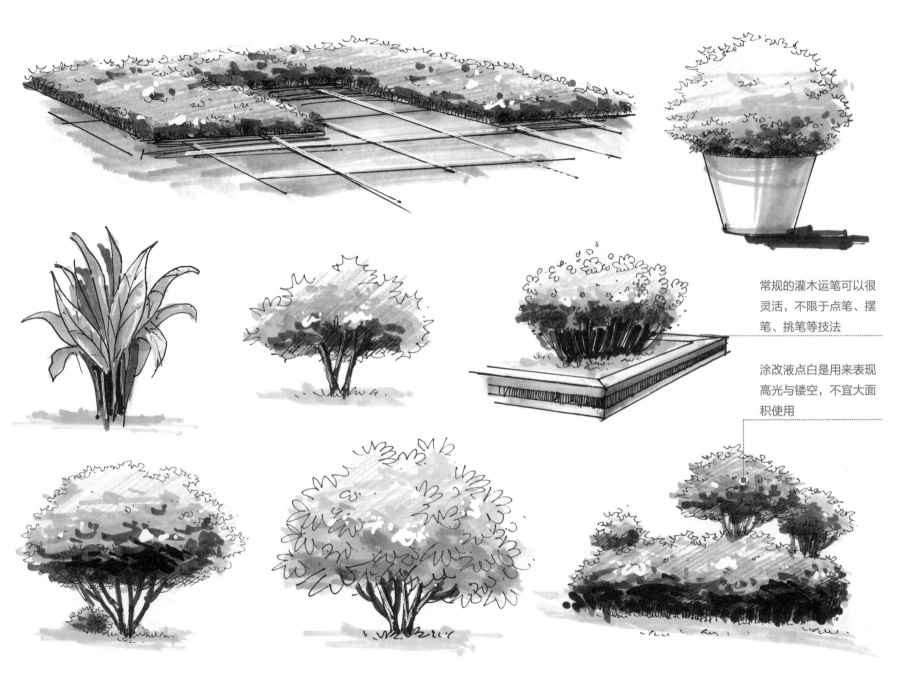

常规的灌木运笔可以很
灵活，不限于点笔、摆
笔、挑笔等技法

涂改液点白是用来表现
高光与镂空，不宜大面
积使用

▲灌木单体表现

如果主体表现的是底座
或其他构造，绿化植物
的着色就应当简单

彩色铅笔斜线排列密度
大小与轻重要根据植物
所处的远近位置来定

阔叶植物的顶部一般会
有转折，这时应当适当
保留空白作为高光

在密度较大的多叶植物
中适当应用涂改液点白

阔叶植物的形体应当自
然柔和，线条流畅

▲灌木单体表现

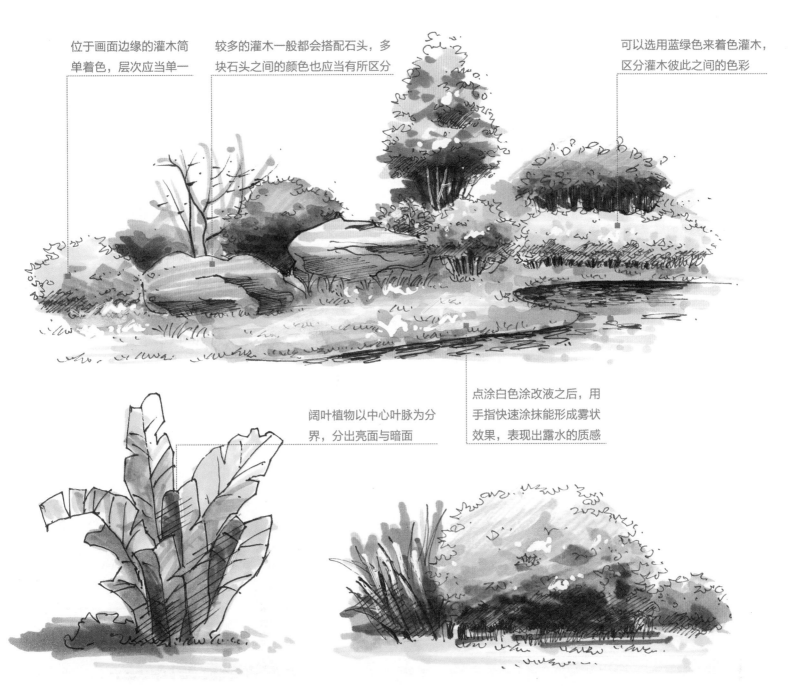

位于画面边缘的灌木简单着色，层次应当单一

较多的灌木一般都会搭配石头，多块石头之间的颜色也应当有所区分

可以选用蓝绿色来着色灌木，区分灌木彼此之间的色彩

阔叶植物以中心叶脉为分界，分出亮面与暗面

点涂白色涂改液之后，用手指快速涂抹能形成雾状效果，表现出露水的质感

▲灌木单体表现

第五节 乔木表现

乔木相对于灌木而言更高大，近处的乔木多以单株为主，在绘制时要选好主次。乔木的形体画法与灌木相当，树冠的抖动线轮廓也是非常重要的，要多练习才能绘制出自然、生动的形体效果。在绘制一直二曲抖动线时应注意抖线的流畅性及植物形态的变化性，不宜画得太慢，太慢会比较僵硬，显得不自然，也不宜画得太快，太快会显得很随意，找不准结构和准确的形体。绘制枝干时应注意线条不要太直，要用比较流畅且生动自然的线条，也要注意枝干分枝位置的处理，要在出分枝处增加节点。

常见的樟树、松树比较简单，与灌木的画法相当。但是热带乔木就要重点练习了。如绘制椰子树时要注意叶片从根部到尖部的渐变过渡变化，保证叶片与叶脉之间的距离与流畅性，树干以横向纹理为主，从上到下逐渐虚化。注意叶片是连续画成的，由大到小，树干以顶部为暗部，向下逐渐虚化。椰子树着色与常规植物不同，要根据叶片形态来确定笔触方向，要注意后方叶片是冷色处理，注意近暖远冷的色彩搭配。而棕榈相对于椰子树而言更复杂，表现时要将多层次叶片与暗部分组绘制。热带树种能进一步丰富室外建筑、景观效果图画面，是时下比较流行的配景。

马克笔真正的精髓在于明暗对比，在乔木的表现上特别突出，浅色植物被深色植物包围，而深色植物周边又是浅色天空或建筑，乔木自身又形成比较丰富的深浅体积。因此，只要掌握好运笔技法与颜色用量，就能达到满意的画面效果，要注意的是虚实变化。注意植物暗部与亮部的结合。马克笔点画的笔触非常重要，合理利用点笔，画面效果会显得自然生动。

第9天

做什么

先临摹2～3张A4幅面乔木植物，分出乔木的多种颜色，厘清光照的远近层次，对树干的姿态进行灵活表现，能区分不同颜色的乔木，再对照实景照片，绘制2～3张A4幅面简单的乔木植物。

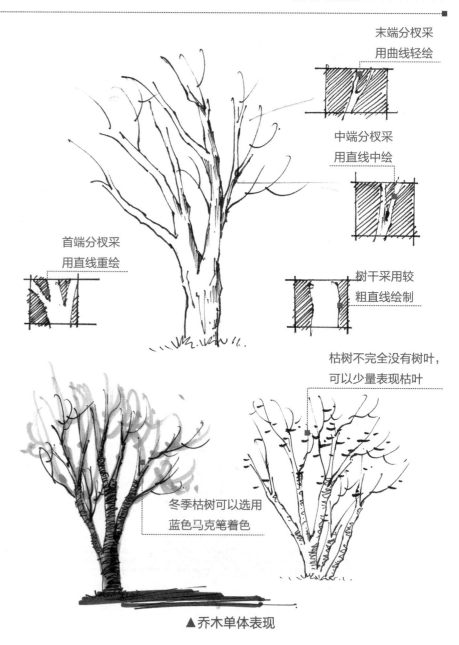

末端分权采用曲线轻绘

中端分权采用直线中绘

首端分权采用直线重绘

树干采用较粗直线绘制

枯树不完全没有树叶，可以少量表现枯叶

冬季枯树可以选用蓝色马克笔着色

▲乔木单体表现

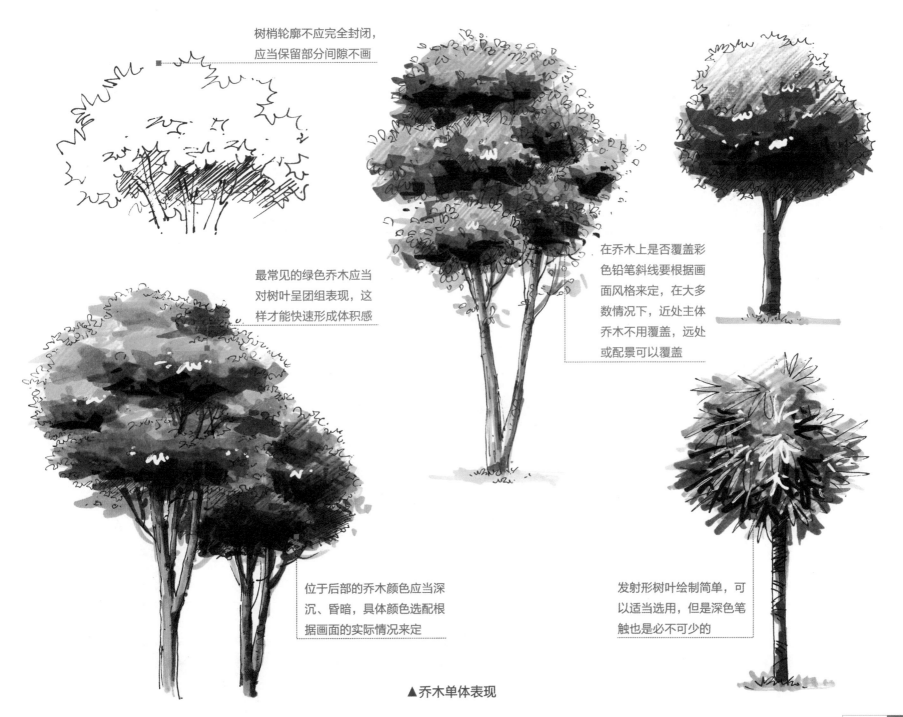

树梢轮廓不应完全封闭，
应当保留部分间隙不画

最常见的绿色乔木应当
对树叶呈团组表现，这
样才能快速形成体积感

在乔木上是否覆盖彩
色铅笔斜线要根据画
面风格来定，在大多
数情况下，近处主体
乔木不用覆盖，远处
或配景可以覆盖

位于后部的乔木颜色应当深
沉、昏暗，具体颜色选配根
据画面的实际情况来定

发射形树叶绘制简单，可
以适当选用，但是深色笔
触也是必不可少的

▲乔木单体表现

剪影树木不是纯粹
平涂着色，内部应
当具有一定变化，
可用彩色铅笔覆盖

白色涂改液与直线
搭配绘制出白色斜
线来表现风雪

较粗的树干也要选用浅、
中、深来分层着色，表
现出体积关系

▲乔木单体表现

白色涂改液压在最深的
笔触上才能凸出效果

如果画面中的树木较多，
可以有选择地将部分树
木亮面留白，根据需要
覆盖彩色铅笔

选用偏黄的浅绿色来表
现接受阳光照射的效果，
同时也区别于灌木

一般不应将两种植物前
后完全重叠，如果不经
意画出这样的形体时，
可以将乔木、灌木当作
花卉来处理，丰富色彩，
精致细节，达到近似中
轴对称的效果

▲乔木单体表现

技法详解

乔木绿化绘制
技法很多，很容易
画好，但是在大多
数情况下，不能过
渡刻画，否则会抢
占画面中心构造的
主体地位。对常用
的几种绿色要了如
指掌，快速选笔着
色，一次成形是考
试获取高分的关
键，最忌讳的是在
乔木上反复涂改，
画面脏污会影响最
终得分。

第六节　花卉表现

　　室外花卉形体结构的画法与灌木相当，只是注意花卉的形体结构要区别于常见的绿化植物，当常见的灌木多以一直二曲的线条来表现时，那么花卉可以用圆形、三角形、多边形来表现。

　　花卉所处的高度一般与地面比较接近，着色时需要在明暗与色彩这两重关系上被绿叶衬托。首先，注意明暗，花卉周边的绿色环境应当较深，在给灌木着色时可以对花卉的位置预留，或者先画花卉，再在花卉周边绘制较深的绿色，这样能从明暗上衬托出浅色花卉。然后，注意色彩关系，单纯的绿叶配红花会显得比较僵硬，花卉的颜色应当丰富化，橙色、紫色、浅蓝色、黄绿色都可以是花卉的主色，并且可以相互穿插，多样配置。如果只是选用红色，那么尽量回避大红、朱红之类的颜色，否则红绿搭配会显得额外突出，弱化了主体建筑、景观。最后，可以根据需要适当绘制1~2朵形体较大的花卉，可以借用乔木的着色方式，选择一深一浅2种同系颜色来表现一定的体积，甚至还可以在亮部点白表现高光。

第10天 做什么　　先临摹2~3张A4幅面花卉植物，分出花卉多种颜色，厘清花卉与绿叶之间的关系，能绘制出花卉的细部构造，再对照实景照片，绘制2~3张A4幅面简单的花卉植物。

技法详解　　景观设计中的花卉属于乔木中的一种，它与室内效果图中的盆栽花卉是有区别的。虽然盆栽花卉在景观效果图中也存在，但是室内盆栽花卉大多为配景，不能深入刻画描绘，而景观花卉往往会成为画面中心，是需要精致刻画的。

　　在以自然景观为主的效果图中，花卉的表现应当精致细腻，自身表现为重点；在以人文建筑景观为主的效果图中，花卉的表现应当随意简约，衬托主体构造为重点。

被绿化植物遮挡的花盆尽量表现得粗糙，采用彩色铅笔覆盖1遍即可

▲花卉单体表现

表现逆光下的花卉可以在最暗部用
涂改液点白，用涂改液与直尺顺着
点白部位向下绘制光照射的效果

迎面盛开的花卉绘制起来比较简单，
但是仅仅适合花朵较大，且数量较
少的花卉

花卉的着色在大体上应当根
据轮廓线条来定，但是不用
画得太刻板，可以适当随意些

花盆上的色彩对比不宜过
大，以中性灰色为主，弱
化对比

发射形绿叶也要分
浅、中、深三种颜
色，这样能将花卉
衬托得更好

▲花卉单体表现

白色涂改液点绘的花心，
再用黄色马克笔覆盖在
涂改液上，就能得到比
较鲜亮的黄色花心

暗红色、紫红色是景观效
果图中的常用花卉颜色，
不宜大面积使用纯度很高
的大红色与朱红色，否则
会产生很刺眼的色彩对比

当色彩画得较深时
可以有选择地提亮
高光，使画面不显
得沉闷

▲花卉单体表现

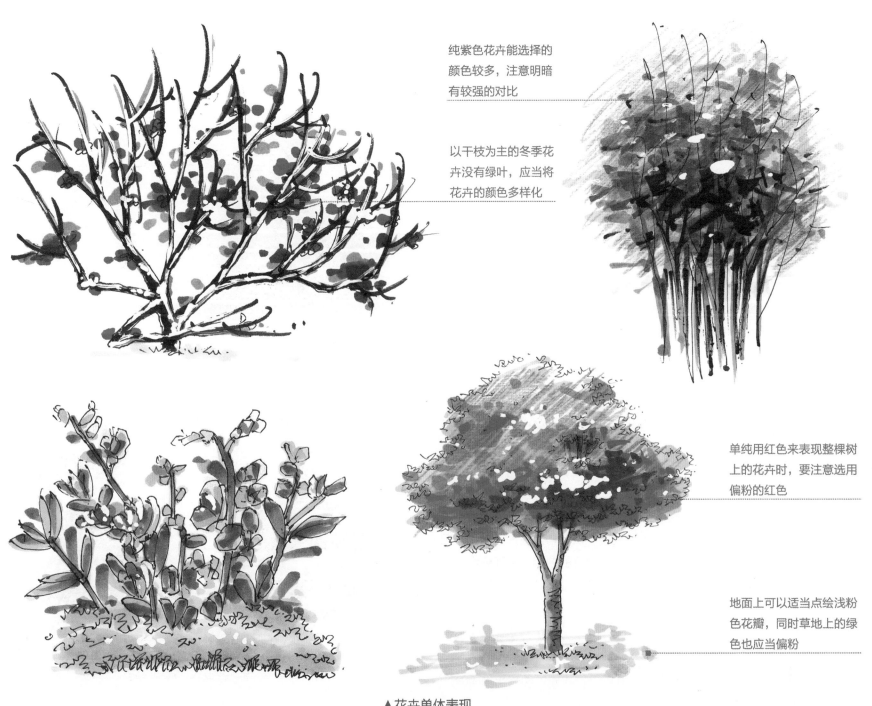

纯紫色花卉能选择的
颜色较多，注意明暗
有较强的对比

以干枝为主的冬季花
卉没有绿叶，应当将
花卉的颜色多样化

单纯用红色来表现整棵树
上的花卉时，要注意选用
偏粉的红色

地面上可以适当点绘浅粉
色花瓣，同时草地上的绿
色也应当偏粉

▲花卉单体表现

第七节　水体水景表现

水体水景的绘制方法一直都被认为是最难的，其实总结出规律就很简单了。绘制水体结构和线条时，先不要画太多，以免后期着色无法覆盖浅色区域，仅仅选择少数外轮廓来绘制即可。

绘制一般水体时，主要注意水体上方的物体在水体中形成的倒影，要与水体自身的波纹相结合。倒影颜色很深，是多种深色的混合体，如各种深蓝色、深绿色、深灰色等。跌水可以利用马克笔扫笔技法绘制出水向下流的速度感，用点笔来绘制周边溅起的水滴，同样，跌水表面如果需要用涂改液来表现高光，那么底色也应当采用深色衬托。

景墙、跌水、喷泉等元素形体简单，在效果图表现中容易烘托效果。跌水和上述一般水体绘画方法相同。绘制景墙时要注意透视的准确性和材质质地表现。绘制喷泉要抓住喷泉向上喷射的力度与水柱向下落时产生的水滴效果，这些可以用涂改液或白色高光笔来表现。

水体着色要注重水纹表面与倒影的塑造，避免过多的笔触把水体区域画得很脏，适当加一点天空、山石、绿化等环境色。水体中的颜色一般是深蓝色、深绿色之类，可以画得较深，方便用涂改液点白，但是不能大面积用灰色，否则显得很脏。大多数水体旁都会有山石，可以用褐色、棕黄色、灰色系列马克笔绘制，运笔一定要挺拔，尽量用短直线运笔，要表现出石材的坚硬质感，注意明暗面的素描关系。对于大面积水面就要重点绘制水面倒影、水纹、水下材质，倒影的绘制在于深色与浅色形成对比，配合涂改液点白和白色高光笔排列线条就能达到很好的效果。大面积水面中倒影的形态可以存在，但是不要去精细刻画其中的倒影，以免喧宾夺主。

第11天

先临摹2张A4幅面水体水景，仔细观察水体水景呈现出的真实色彩，注重反光颜色与高光颜色之间的关系，配置水体水景周边的山石、围坛，再对照实景照片，绘制2张A4幅面水体水景。

水面反光高光主要存在于最深的倒影处

当瀑布横向宽度较大时，可以用彩色铅笔排列线条覆盖，这样效果更整体

▲水体水景单体表现

强化水中倒影可以用黑色
绘图笔绘制密集的螺旋线

环绕在水池周边的灌木颜色不
宜过深，要将深色留给水体

前后不同颜色的石材
应当有色彩区分，避
免雷同

水面颜色以冷灰色、蓝色为
主，运笔可以很自由，但是
要保持深浅过渡变化

水面上较深的投影可以用
黑色中性笔绘制轮廓来限
定阴影区域

▲水体水景单体表现

瀑布顶部要表现出高光

水池周边颜色较深，反
映周边围岸的投影

▲水体水景单体表现

瀑布底色可以先用多种蓝灰色平
铺，再用涂改液点白，最后用彩
色铅笔排列线条覆盖

瀑布的落点可
以留白不着色

白色涂改液涂绘的部位
集中在水跌落的地方

环绕在石头周边的区域可以
加深颜色

▲水体水景单体表现

第八节 天空云彩表现

天空云彩一般都是在主体对象绘制完成后再绘制，因此可以不用铅笔来绘制轮廓，但是轮廓的形体范围要做到心中有数。在室外效果图中，需要绘制天空云彩的部位在树梢、建筑上方。树梢、建筑顶部本身就是受光面，颜色很浅，在这些构造的轮廓外部添加天空云彩就是为了衬托树梢、建筑。因此，绘制云彩的颜色一般是浅蓝色、浅紫色，重复着色两遍就可以达到比较好的明暗对比效果。

天空云彩的运笔速度要快，可以快速平推配合点笔来表现，在一朵云上还可以表现出体积感，云彩的着色深浅程度应当根据整个画面关系来确定，对于画面效果很凝重的效果图，可以在马克笔绘制完成后，选用更深一个层次的同色彩色铅笔，在云朵的暗部排列整齐的45°线条，甚至可以用尖锐的彩色铅笔来刻画树梢与建筑的边缘。

第12天

先临摹两张A4幅面天空云彩，找准云彩的颜色，适当运用彩色铅笔来增加层次，注重运笔的方向，搭配远景建筑、树木来创作绘制。在生活中仔细观察晴朗的天空中云朵的体积构造与色彩关系。

贴着建筑顶部绘制，马克笔运笔应当短促且速度快

长直线云彩适合比较空旷的郊外自然景观

用彩色铅笔排列线条覆盖一遍可以表现出急促紧张的氛围，适合表现城市商业空间景观效果图

接近建筑顶部的云彩颜色更深

▲天空云彩单体表现

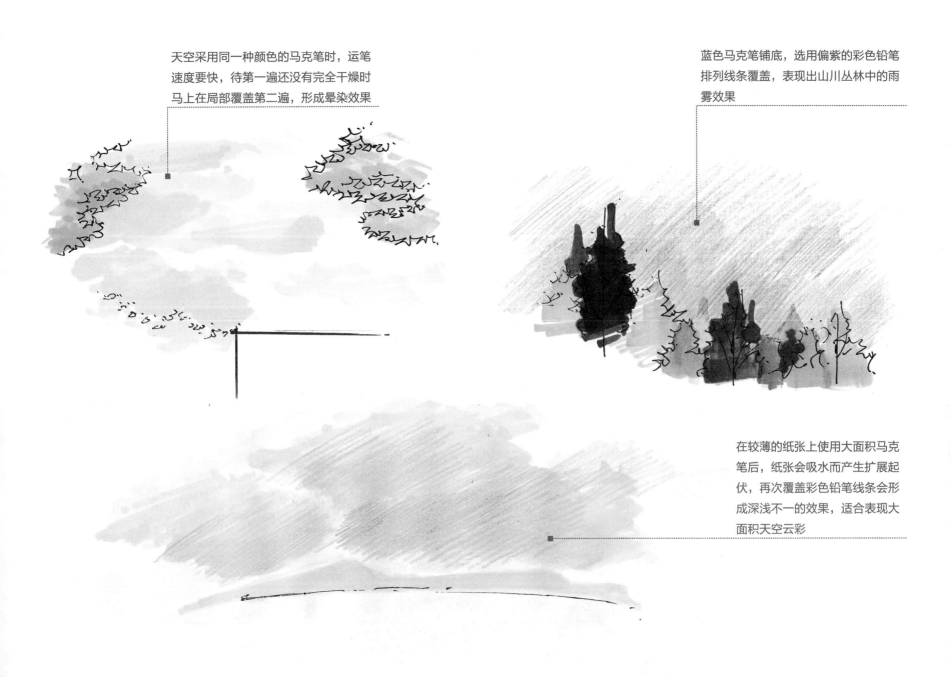

天空采用同一种颜色的马克笔时，运笔
速度要快，待第一遍还没有完全干燥时
马上在局部覆盖第二遍，形成晕染效果

蓝色马克笔铺底，选用偏紫的彩色铅笔
排列线条覆盖，表现出山川丛林中的雨
雾效果

在较薄的纸张上使用大面积马克
笔后，纸张会吸水而产生扩展起
伏，再次覆盖彩色铅笔线条会形
成深浅不一的效果，适合表现大
面积天空云彩

▲天空云彩单体表现

用白色涂改液在云彩中画
出成组的螺旋形线条能丰
富云彩的效果

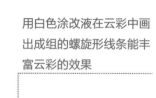

第13天
做什么

自我检查、评价前期关于景观单体表现的绘画图
稿，总结其中形体结构、色彩搭配、虚实关系中存在的
问题，将自己绘制的图稿与本书作品对比，重复绘制一
些存在问题的图稿。

受地面景观颜色的影响，可以在天空中叠
加一些环境色，一般以暖黄色、黄绿色为
主，其中暖黄色能与阳光呼应，黄绿色能
与绿化呼应

贴近太阳的云彩可以
选择偏暖的浅黄色

远离太阳的云彩可以
仍旧是偏暖的浅蓝色

▲天空云彩单体表现

第三章　景观效果图步骤

第一节 小品构筑

本节绘制一件水景小品的室外效果图，主要表现的对象构造相对简单，重点在于绘制细腻的水流与倒影。

首先，根据参考照片绘制出线稿，对主体对象的线稿的表现尽量丰富。然后，开始着色，快速将画面的大块颜色定位准确，深色的湿地能衬托出较浅的地砖与基座。接着，对周边环境着色，周边环境的色彩浓度与笔触不要超过主题对象。最后，对局部加深，用涂改液将水流与倒影做点白处理。

第14天

参考本书关于小品构筑的绘画步骤图，搜集2张相关实景照片，对照照片绘制2张A3幅面小品构筑效果图，注重图面的虚实变化，避免喧宾夺主。

▲实景参考照片

近处的灌木可以细致刻画，用于平衡整个构图关系

远处绿化结构应当简洁，不能喧宾夺主

水流的线条应当流畅，不停顿，不重复，尽量简洁

地面的石头只需要简单表现，后期深色处理会掩盖线条结构

纵向排列线条能加深阴影感受，对后期着色看准基调很有帮助

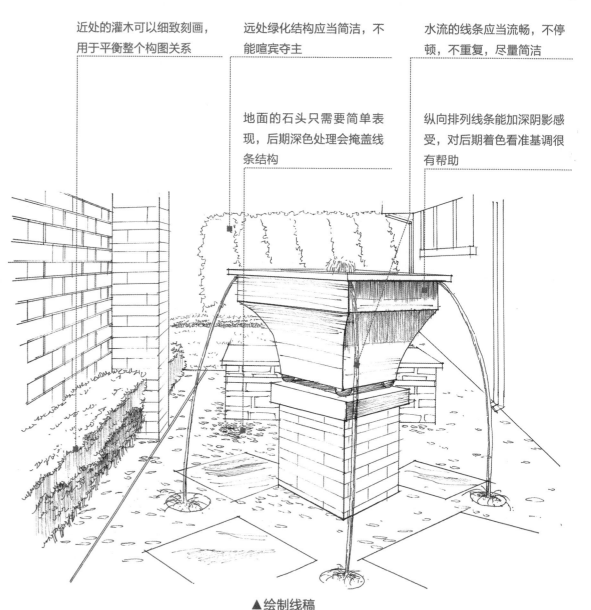

▲绘制线稿

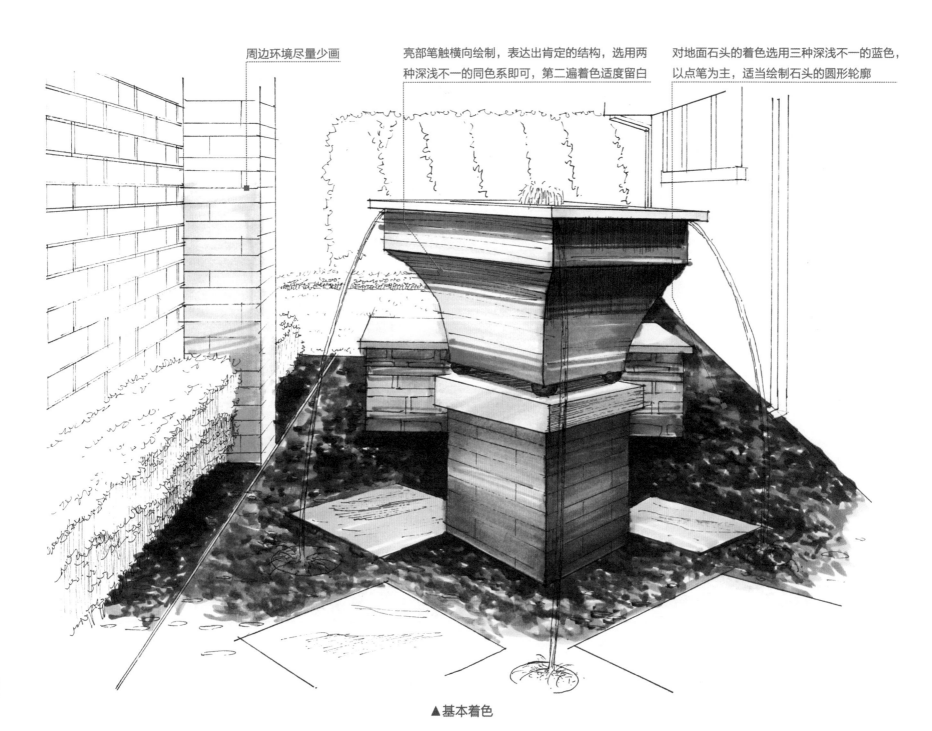

周边环境尽量少画

亮部笔触横向绘制，表达出肯定的结构，选用两
种深浅不一的同色系即可，第二遍着色适度留白

对地面石头的着色选用三种深浅不一的蓝色，
以点笔为主，适当绘制石头的圆形轮廓

▲基本着色

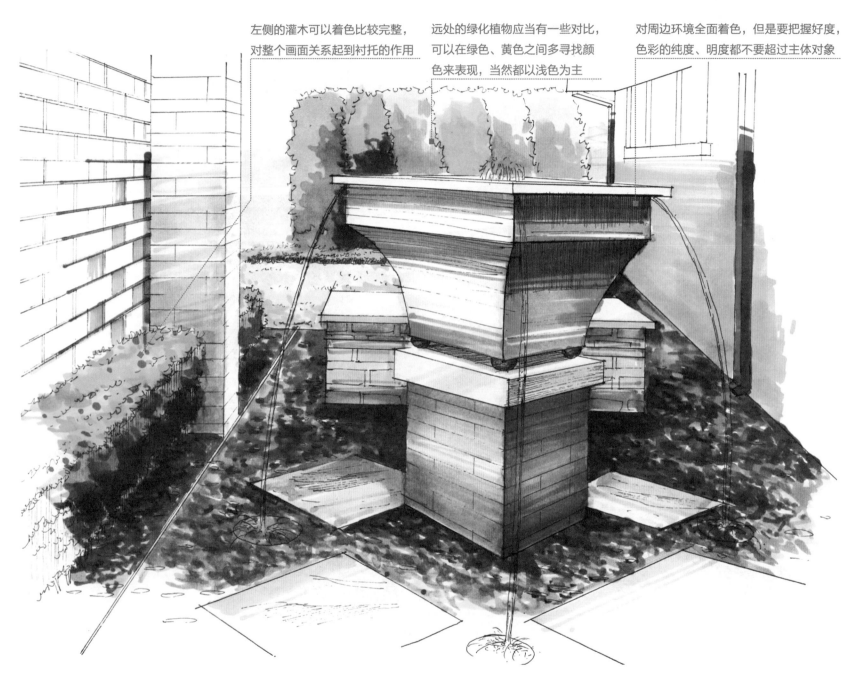

左侧的灌木可以着色比较完整，
对整个画面关系起到衬托的作用

远处的绿化植物应当有一些对比，
可以在绿色、黄色之间多寻找颜
色来表现，当然都以浅色为主

对周边环境全面着色，但是要把握好度，
色彩的纯度、明度都不要超过主体对象

▲丰富层次着色

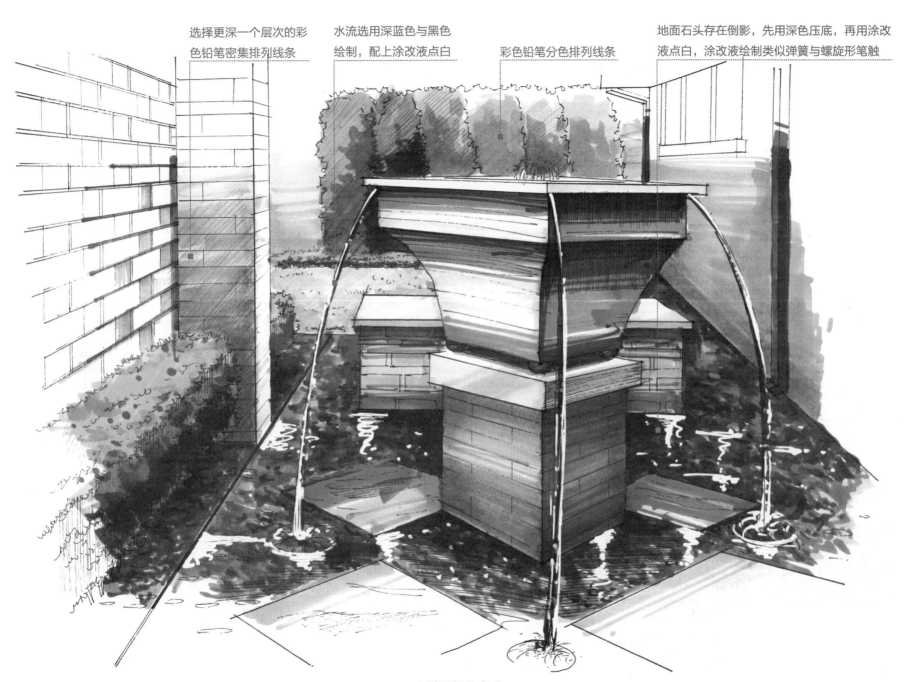

选择更深一个层次的彩
色铅笔密集排列线条

水流选用深蓝色与黑色
绘制，配上涂改液点白

彩色铅笔分色排列线条

地面石头存在倒影，先用深色压底，再用涂改
液点白，涂改液绘制类似弹簧与螺旋形笔触

▲增添细节完成

第二节 喷泉水景

本节绘制一件较大的住宅小区喷泉水景室外效果图，主要表现的对象构造开始变得复杂，重点在于绘制细腻的水流与圆滑的主体结构。

首先，根据参考照片绘制出线稿，对主体对象中水流线稿的表现尽量准确。然后，开始着色，快速将主体构造的两层底部大块颜色定位准确。接着，对周边环境与水池水面着色，绿化植物与背景适当加深，衬托出主体构造。最后，对水面局部进一步加深，用涂改液将水流与倒影做点白处理。

参考本书关于喷泉水景的绘画步骤图，搜集两张相关实景照片，对照照片绘制两张A3幅面喷泉水景效果图，注重水体的反光与高光，深色与浅色相互衬托。

▲实景参考照片

远处的建筑可以选用直尺绘制，与前景中的大量弧线形成对比，能让画面更规范

弧形构造要画得肯定些，在明暗交接线部位可以画得更重些

水流的线条要流畅，从上向下绘制，上部线条稍稍重些，下部线条变得轻些

底座的造型结构要表现清楚，这些才是主体

远处的树木尽量简化，在线稿中一般只绘制外部轮廓

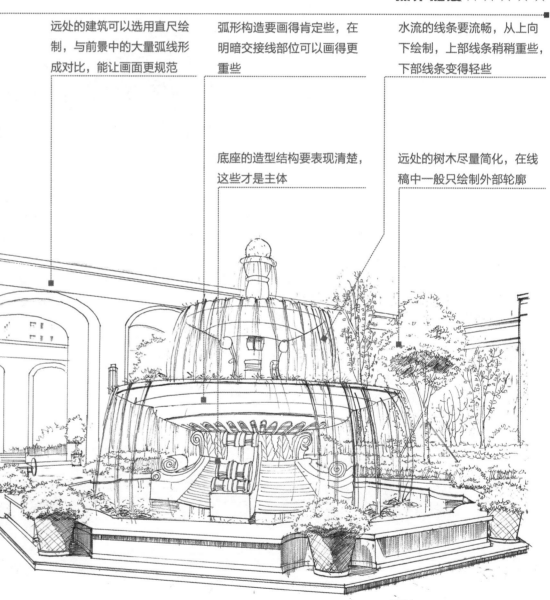

▲绘制线稿

水池围台表面可以运用主体构造的浅土黄色同步覆盖一遍

可以在最深暗的部位增加一些暖灰色与灰紫色

先画主要构造的暗部，选用深浅两种颜色，最好再搭配另一种近似色系颜色，这样能丰富暗部效果

▲基本着色

背景建筑上的笔触顺应直线结构，画到边缘时可以呈阶梯状收尾

虽然主体构造的暗部是深色，但是在背景上可以适当选用较深的暖灰色，用深色来衬托主体构造上的浅色

可以根据整体画面关系，适当改变树木颜色，但是也要注意层次的多样性

▲丰富层次着色

水面选用三种不同明暗种类的蓝色，由浅到深，由远到近绘制

涂改液点白选择最亮最集中的部位

当主体构造绘制到位，同样加深围台的暗部与亮部，能更清晰地表现主体构造

睡莲浪花用涂改液适度点白，绘制笔触可以比较随意

▲增添细节完成

第三节 私家庭院

操作难度★★★☆☆

本节绘制私家庭院入口室外效果图，主要将简单对称的构图复杂化、层次化。

首先，根据参考照片绘制出线稿，对主体对象中央绿化植物分层绘制。然后，对中央灌木进行分色处理，避免形成单调的色彩关系，找准屋檐与立柱的色彩。接着，逐个绘制背景与搭配植物，利用深色挤压出浅色。最后，通过短横笔与点笔来丰富画面，进一步加深地面土壤的颜色。

第16天
做什么

参考本书关于私家庭院的绘画步骤图，搜集两张相关实景照片，对照照片绘制两张A3幅面私家庭院效果图，注重绿化植物的色彩区分，避免重复使用单调的绿色来绘制植物。

周边不完整植物不能画得过于草率，存在于画面中的形体仍要画得准确

背景建筑构造尽量简洁，用主要线条来表现存在的轮廓

位于近处的复杂植物尽量细致刻画，为后期着色打好基础，分清楚远近关系和层次

院内砖墙线条绘制应当细腻，能为后期着色打好基础

先绘制位于正中央的主要树木的枝叶，再绘制树后的背景建筑，建筑线条不宜穿插到树木中

对称式构图一般多采用直尺来绘制主体结构

▲实景参考照片

▲绘制线稿

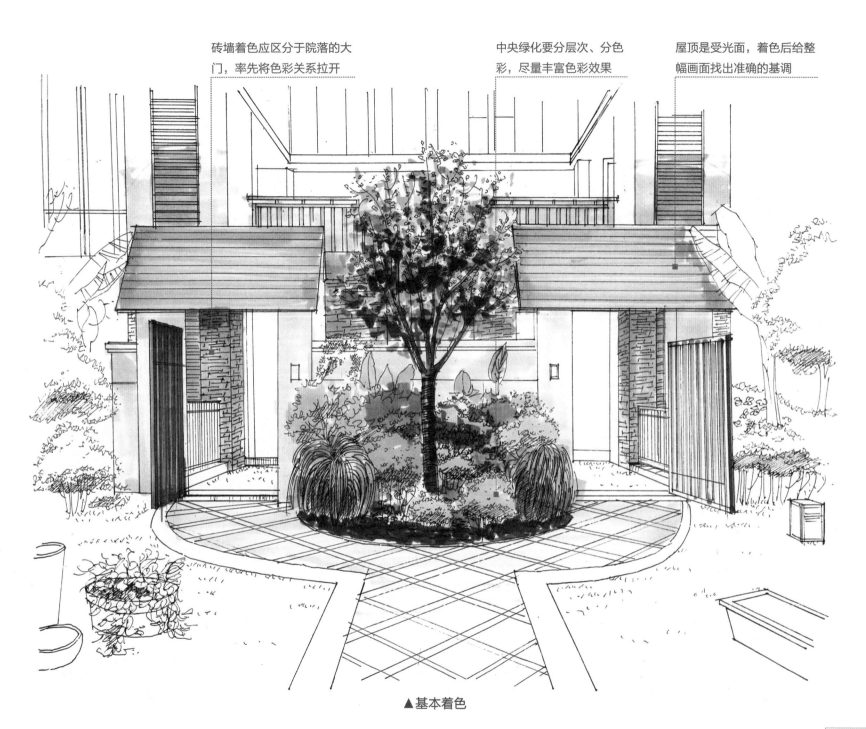

砖墙着色应区分于院落的大
门，率先将色彩关系拉开

中央绿化要分层次、分色
彩，尽量丰富色彩效果

屋顶是受光面，着色后给整
幅画面找出准确的基调

▲基本着色

门外的草坪用浅绿色，与
配景植物的绿色区分开

特别注意树梢末端的背景色彩，
适当保留间隙填补建筑色彩

院内最深的层次应当是门
洞内与屋檐下的颜色

▲丰富层次着色

砖墙的受光面保留清晰，不宜画得
很深，同时也不宜画得过于细致

用暖深灰来进一步加深地面层
次，可以将绿化植物衬托出来

地面铺装可以选用深浅两种
颜色顺应着造型来填充

▲增添细节完成

第四节 小区景观

本节绘制住宅小区景观立体雕塑，通过线条来强化不锈钢金属质地。

首先，根据参考照片绘制出线稿，对其中圆形构造的立体透视形体精确绘制。然后，对景观主体构造强化着色，亮面始终保持不画，只画暗部，暗部可以适当加深，还可以适当留出反光部位不画。接着，逐个绘制背景与搭配植物，利用深色区域挤压出浅色区域，注意对背景与配饰有选择地着色，不要画得过多。最后，采用涂改液来强化局部高光，进一步加深绿化植物的暗部颜色。

▲实景参考照片

边角部位的绿化仅仅起到衬托作用，根据构图可以密集排线

强化明暗交界线线条，让体积关系更丰富

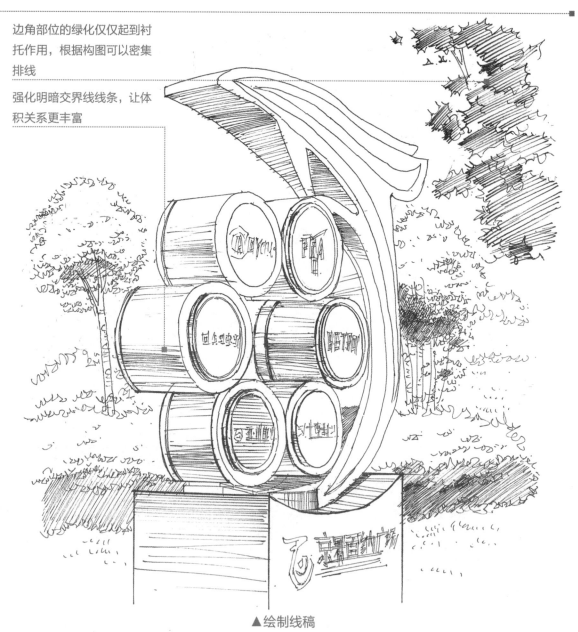

▲绘制线稿

第17天 做什么

参考本书关于小区景观的绘画步骤图，搜集两张相关实景照片，对照照片绘制两张A3幅面小区景观效果图，注重地面的层次与天空的衬托，重点描绘1～2处细节。

最高处构造的暗部是整个景观造型中最深的部位，因为它距离天空最近，选择两种比较深的蓝色叠加即可

亮面笔触尽量挺直有力度，可以选用两种比较接近的颜色交替绘制，同时也要注意它们之间的深浅关系

基座的色彩不能完全参考照片选择黑色、灰色，对于这类比较单一的立体构造，应当选择一种接近黑色的深紫色

暗部颜色偏暖，与亮部冷色形成一定对比，这能丰富画面

▲基本着色

树梢处选用的绿色要与地面低处的绿色区
分开，而且只对树梢着浅色。这部分着色
仅仅是点缀

较远处的乔木可以选择非绿色，但是不要
过于醒目

背光处的绿色可以选择偏棕褐色的绿色，
明度下降后能衬托出主体构造

位于低处的灌木前后应当区分层次，从最
近处的亮黄绿色到中间的中绿色，再到远
处的蓝绿色，形成较大的空间层次

技法详解

　　用绘图笔或中性笔在构
造明暗交界线部位重复绘制
平行线是强化明暗关系的重
要方法。但是要控制好度，
不能在一个部位反复绘制过
多，否则会让画面显得过
脏，这类线条也可以待着色
完成之后再绘制。

▲丰富层次着色

浅弱表现云彩即可，云彩可以深入到不锈
钢质地的主体构造上，形成反光

技法详解

对于亮部已经很亮的构
造，可以适当绘制云彩，这
样云彩相对于构造的亮部而
言就是深色。云彩的深色能
衬托出构造的浅色亮部。

对于采光靠前的亮部可以选用留白来表现
高光

对于采光靠后的亮部可以选用涂改液来表
现高光

灌木的暗部进一步加深，表现出丰富的层
次与明暗关系

适当加深文字，但是不宜将文字表现得过
于具象，不要以写字的方式来表现文字，
而是以绘画的方式将文字画完

▲增添细节完成

第五节　公园景观

本节绘制公园中一处景观桥梁，重点在于区分多样绿化植物，并分层分组绘制。

首先，根据参考照片绘制出线稿，精确绘制其中的桥梁构造。然后，开始着色，选准桥梁的木材颜色与水面颜色，加深桥孔内的暗部色彩。接着，逐个绘制背景与搭配植物，利用深色区域挤压出浅色区域。最后，考虑增加水面蓝色效果，采用涂改液来强化水面高光与倒影。

第18天　做什么

参考本书关于公园景观的绘画步骤图，搜集两张相关实景照片，对照照片绘制两张A3幅面公园景观效果图，注重空间的纵深层次，适当配置人物来拉开空间深度。

▲实景参考照片

周边不完整植物存在即可，不用画得过多

桥面结构线条尽量采用直尺绘制，这样能和自由线条的绿化植物形成对比

乔木的形态尽量多样化，照片只是参考，最重要的还是画面效果

桥梁的明暗对比要强烈，这是画面的中心

强化桥下的投影与暗部，为后期深入着色打好基础

远处植物的轮廓表现不要含糊，结构应当尽量准确

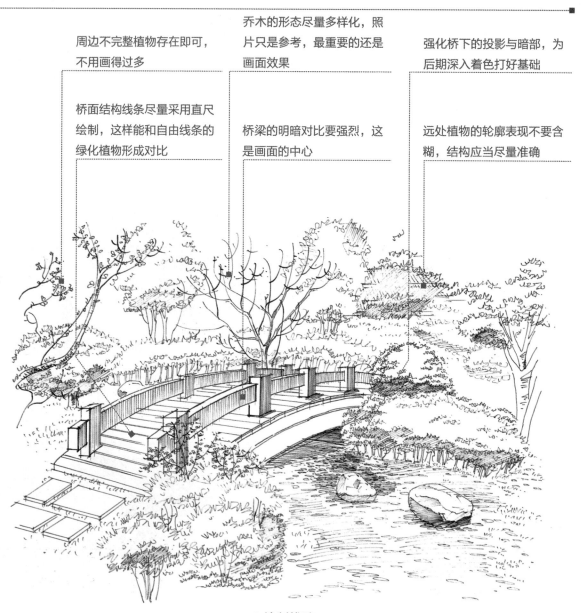

▲绘制线稿

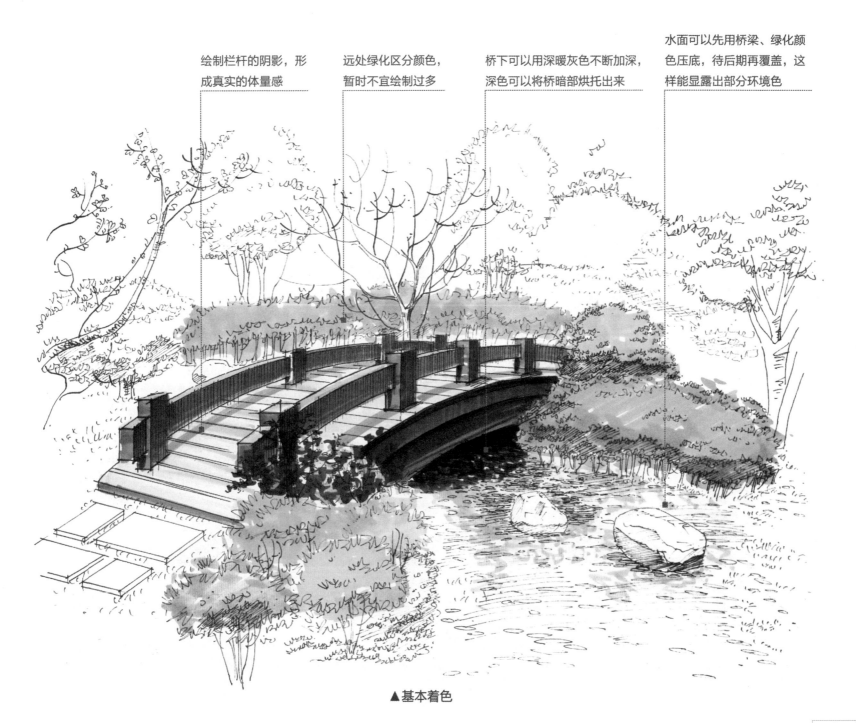

绘制栏杆的阴影，形成真实的体量感

远处绿化区分颜色，暂时不宜绘制过多

桥下可以用深暖灰色不断加深，深色可以将桥暗部烘托出来

水面可以先用桥梁、绿化颜色压底，待后期再覆盖，这样能显露出部分环境色

▲基本着色

在着色的过程中不能急于求成，还是应当整体绘制，对一个部位过度着色会耽误时间，还会造成画面效果单一、刻板。因此在这幅作品的第三步应当全面着色，配景的色彩不宜过多。

前景的绿化着色要比远景绿化重，但是又不能超越桥梁的对比

远处绿化尽量将颜色丰富化，各团组之间要有颜色区分

逐层加深绿化的暗部，但是不要在一个局部长时间绘制

▲ 丰富层次着色

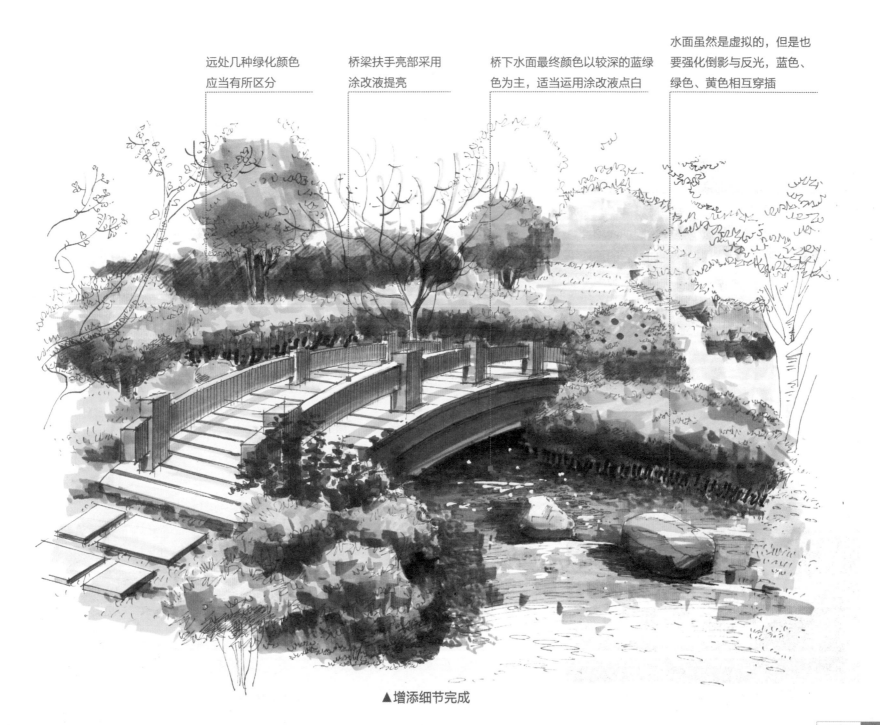

远处几种绿化颜色
应当有所区分

桥梁扶手亮部采用
涂改液提亮

桥下水面最终颜色以较深的蓝绿
色为主，适当运用涂改液点白

水面虽然是虚拟的，但是也
要强化倒影与反光，蓝色、
绿色、黄色相互穿插

▲增添细节完成

第六节 鸟瞰规划

本节绘制博物馆的鸟瞰规划效果图，重点在于将博物馆建筑的纵深感表现出来。

首先，根据参考照片绘制出线稿，精确绘制建筑形体与透视，将远处的绿地也包容进来。然后，开始着色，选准建筑的主体颜色与阴影颜色，加深建筑暗部与阴影色彩。接着，逐个绘制地面场景、水面和远处绿地。并且逐层加深，加深后的远处绿地要能衬托出建筑。最后，考虑采用彩色铅笔排列线条，能将建筑表面的质地凸显出来。

第19天

做什么

参考本书关于鸟瞰规划的绘画步骤图，搜集两张相关实景照片，对照照片绘制两张A3幅面鸟瞰规划效果图，注重取景角度和远近虚实变化，避免画成平面图。

▲实景参考照片

可以对绿化进行明暗对比处理，但是不宜过多

地平线的处理与整体构图相关，不宜过高或过低

鸟瞰角度建筑线条一般多用直尺绘制，这样会更精准

远处植物的轮廓表现应当全面且准确

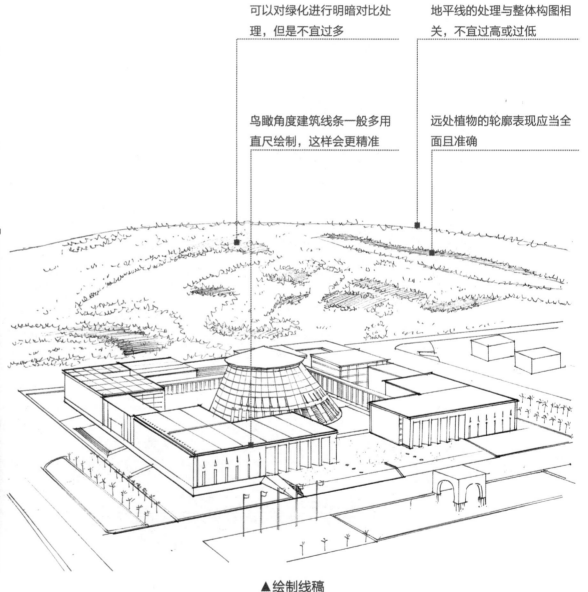

▲绘制线稿

在第二步中只绘制主体建筑上的色彩，不要对周边绿化植物着色，将精力都集中在主体建筑上，快速拉开明暗对比，建立起信心。

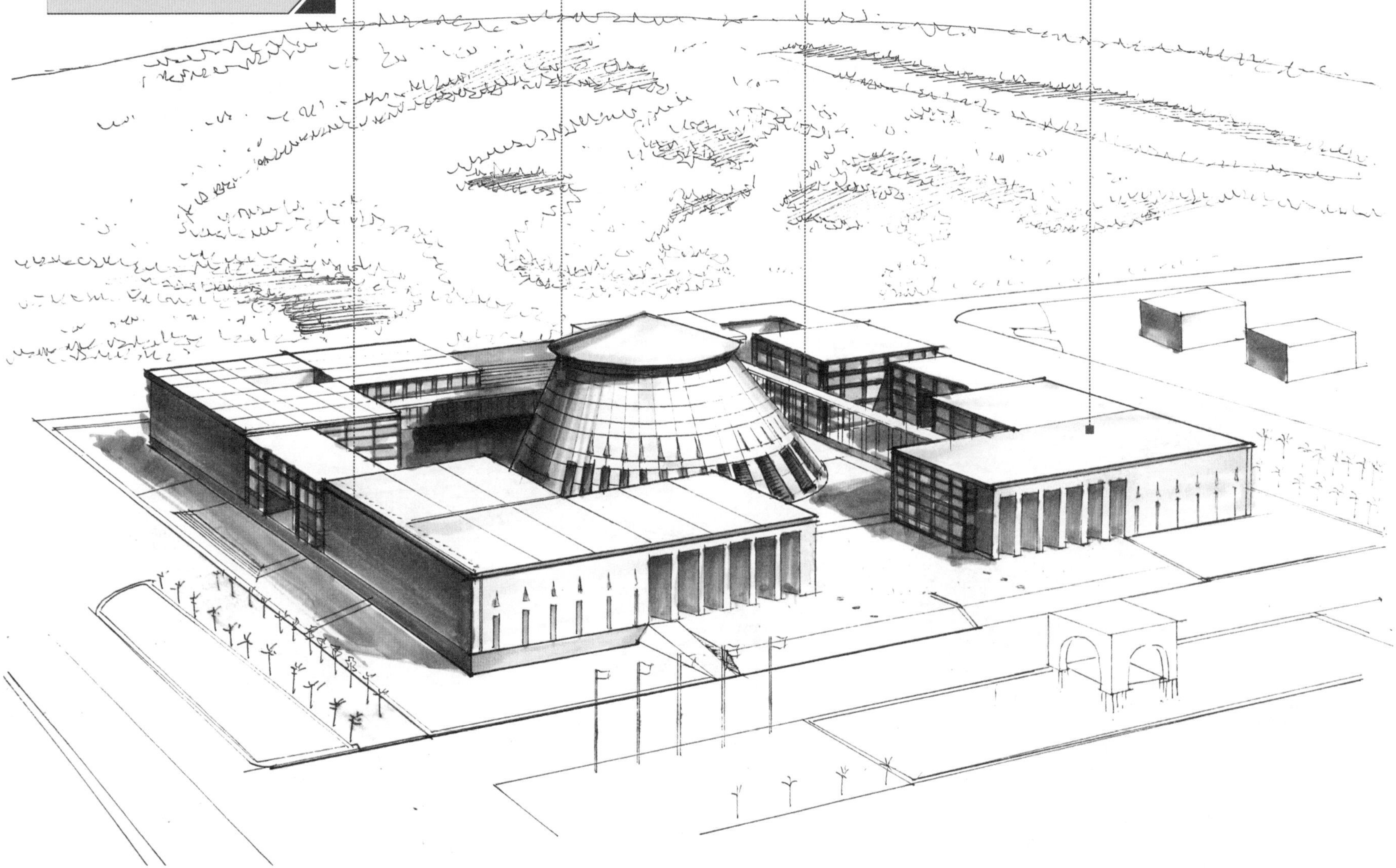

建筑暗部可以选用2~3种颜色叠加覆盖，将暗部丰富化

建筑的背光处与投影选用暖褐色

背光位置的玻璃选择多种同一色系的蓝色来表现

接受光照的部位尽量着色单纯，颜色尽量与太阳光一致

▲基本着色

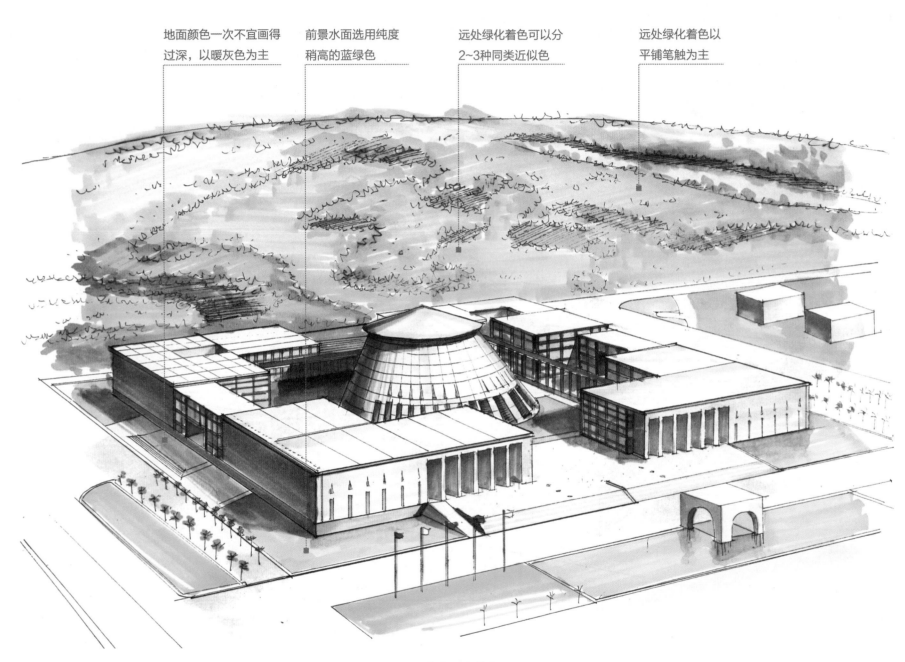

地面颜色一次不宜画得
过深，以暖灰色为主

前景水面选用纯度
稍高的蓝绿色

远处绿化着色可以分
2~3种同类近似色

远处绿化着色以
平铺笔触为主

▲丰富层次着色

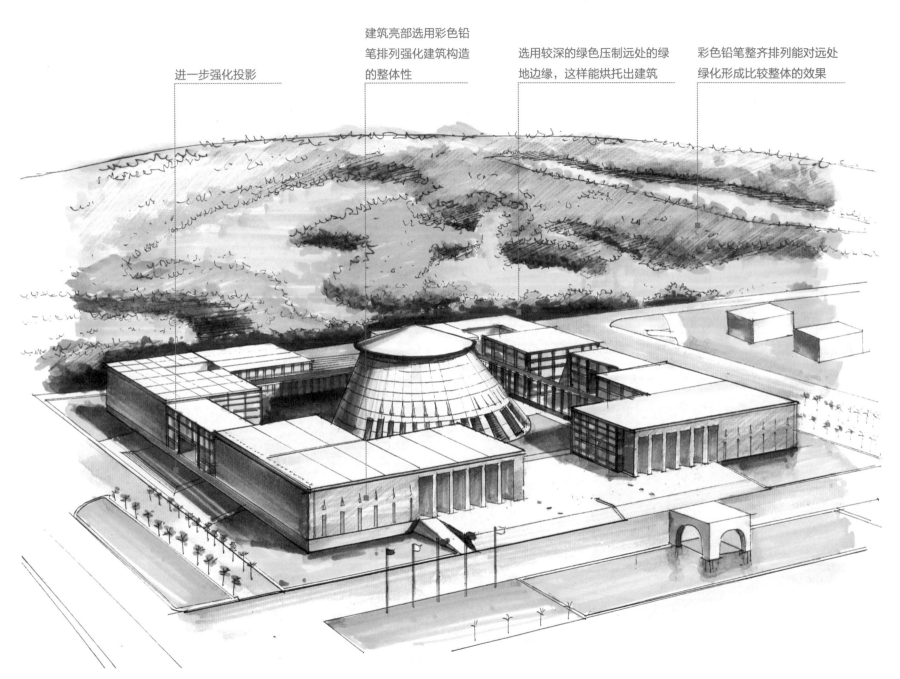

进一步强化投影

建筑亮部选用彩色铅
笔排列强化建筑构造
的整体性

选用较深的绿色压制远处的绿
地边缘，这样能烘托出建筑

彩色铅笔整齐排列能对远处
绿化形成比较整体的效果

▲ 强化细节

自我检查、评价前期关于景观整体效果图的绘画图稿，总结其中形体结构、色彩搭配、虚实关系中存在的问题，将自己绘制的图稿与本书作品对比，重复绘制一些存在问题的局部图稿。

将过渡面域采用彩色铅笔排列线条，丰富了结构层次

适当加深亮部，将顶面颜色多样化

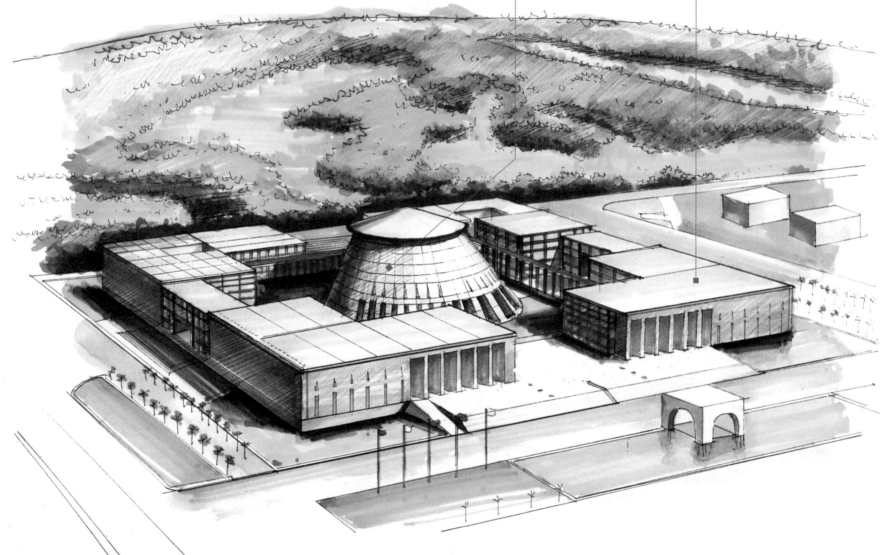

▲丰富亮部着色完成

第四章　作品欣赏与摹绘

在手绘效果图练习过程中，临摹与参照是重要的学习方法。临摹是指直接对照优秀手绘效果图绘制，参照是指精选相关题材的照片与手绘效果图，参考效果图中的运笔技法来绘制照片。这两种方法能迅速提高手绘水平。本章列出大量优秀作品供临摹与参照，绘制幅面一般为A4或A3，绘制时间一般为60~90分钟，主要采用绘图笔或中性笔绘制形体轮廓，采用马克笔与彩色铅笔着色，符合各类考试要求。

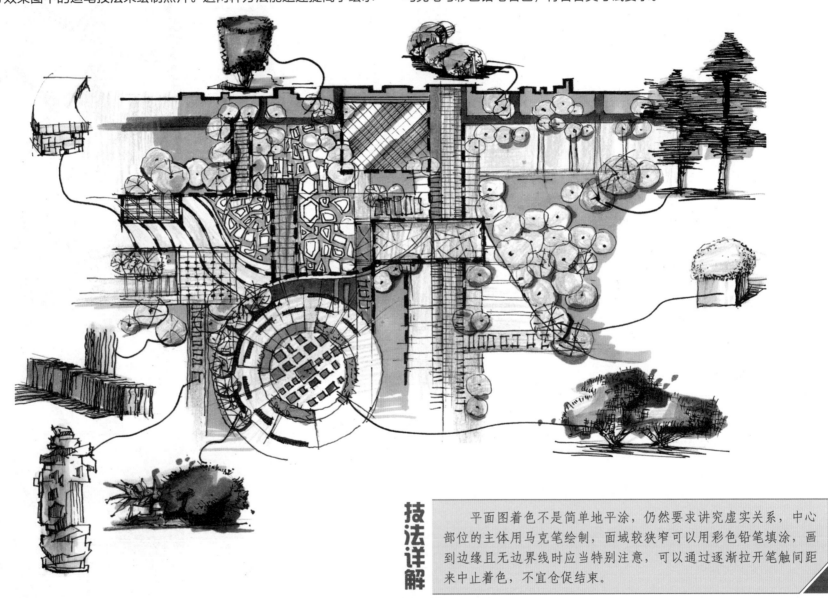

技法详解 平面图着色不是简单地平涂，仍然要求讲究虚实关系，中心部位的主体用马克笔绘制，面域较狭窄可以用彩色铅笔填涂，画到边缘且无边界线时应当特别注意，可以通过逐渐拉开笔触间距来中止着色，不宜仓促结束。

▲景观彩色平面图

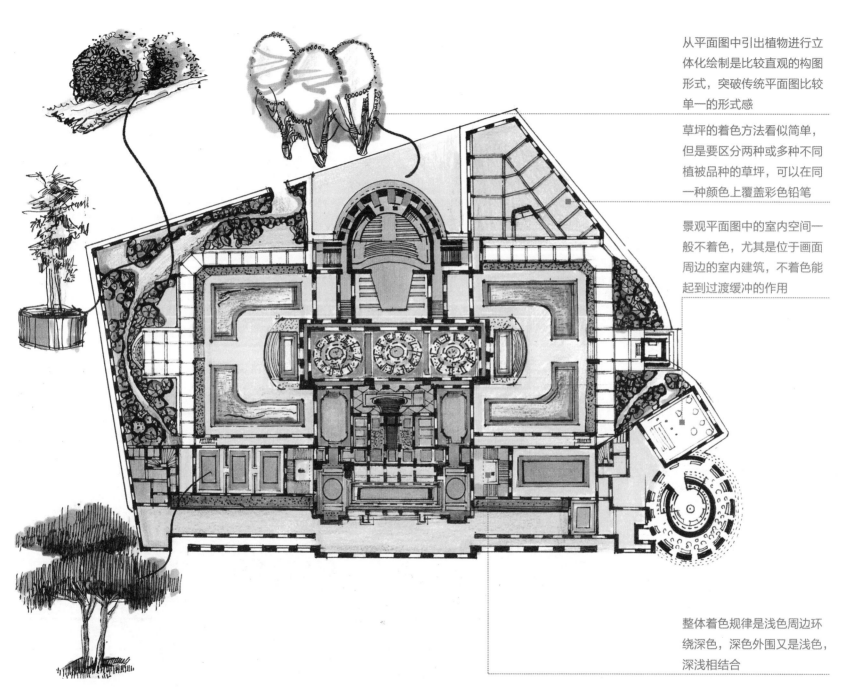

从平面图中引出植物进行立体化绘制是比较直观的构图形式，突破传统平面图比较单一的形式感

草坪的着色方法看似简单，但是要区分两种或多种不同植被品种的草坪，可以在同一种颜色上覆盖彩色铅笔

景观平面图中的室内空间一般不着色，尤其是位于画面周边的室内建筑，不着色能起到过渡缓冲的作用

整体着色规律是浅色周边环绕深色，深色外围又是浅色，深浅相结合

▲景观彩色平面图

马克笔多彩技法对树木的顶部一般不着色，刻意留白形成高光亮部

虽然整体色彩比较清新淡雅，但是在地面处还是应当采用深色绘制，区分平面与立面之间的关系

▲公园景观效果图

技法详解

马克笔多彩技法是一种能快速上手的技法，虽然对技法没有太高要求，但是要求有一定的色彩审美能力。首先要能对同一种颜色分列出多种近似色，然后要在同一个形体上分出深、中、浅三种同系色，最后能大胆穿插多种颜色混合搭配。

多彩技法的运笔一般采用马克笔的细头或宽头部位的侧锋，以开花形态由一个中心向上扩散即可

在直线形建筑构造上的运笔尽量简洁，叠加的颜色不宜过多

▲公园景观效果图

彩色铅笔排列线条只
适用于树木的暗部

水面色彩沿着池边
向中间绘制，将中
间的倒影留白

建筑是画面的中心，
颜色对比应当加强

远处建筑可以有选择性
地留白，或根据整体画
面关系局部着色

▲住宅小区景观效果图（张艺珂）

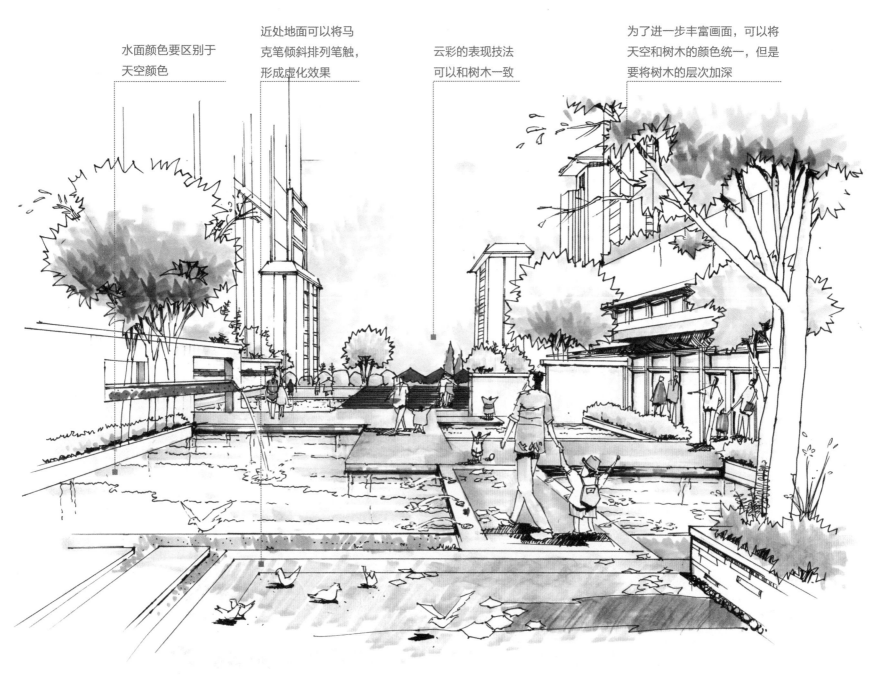

水面颜色要区别于
天空颜色

近处地面可以将马
克笔倾斜排列笔触，
形成虚化效果

云彩的表现技法
可以和树木一致

为了进一步丰富画面，可以将
天空和树木的颜色统一，但是
要将树木的层次加深

▲住宅小区景观效果图（崔国瑞）

远处绿化的层次要保留，但是对比不应过强

主体构造强化明暗对比，将其塑造成画面中心

天空云彩采用较粗的彩色铅笔绘制能表现出很强烈的动感

逐渐变近的结构可以适当加强对比，与中心主体形成呼应

▲游乐场效果图

技法详解

在日光下的白色建筑大多可以采用暖灰色绘制，但是要对白色建筑保留适当的空白，形成较强烈的对比。特别深的灰色和黑色可以局部少量使用，不要污染画面即可。

树木中适当点白用来表现树叶之间的镂空

蓝色云彩与水面颜色要有区别，衬托出建筑的白色外墙

暗部用绘图笔排列密集的线条，强化中央重点部位的阴影

适当留出白墙不着色，能形成很强烈的对比

暗部着色过程可以用涂改液来提亮，同时表现出树木枝干的形体结构

▲别墅住宅景观效果图

局部着色是一种快捷的表现手法，能在较短的时间内完成画面中某一个局部，起到表现个人水平的作用，比较适合时间紧张的考试。但是这种技法也有难度，它要求能准确把握细节，能深入刻画细节，需具备较强的深入表现能力。

▲店面景观效果图

墙面砖块逐渐向
上虚化减少

精细表现中心物品的色彩关系，可
以将对比加强，但是整体色调较重

窗户中可以有选择地着色，
彩色衬托出未着色的窗框

框架能衬托出画面的形
体结构，因此应当着色

▲店面景观效果图

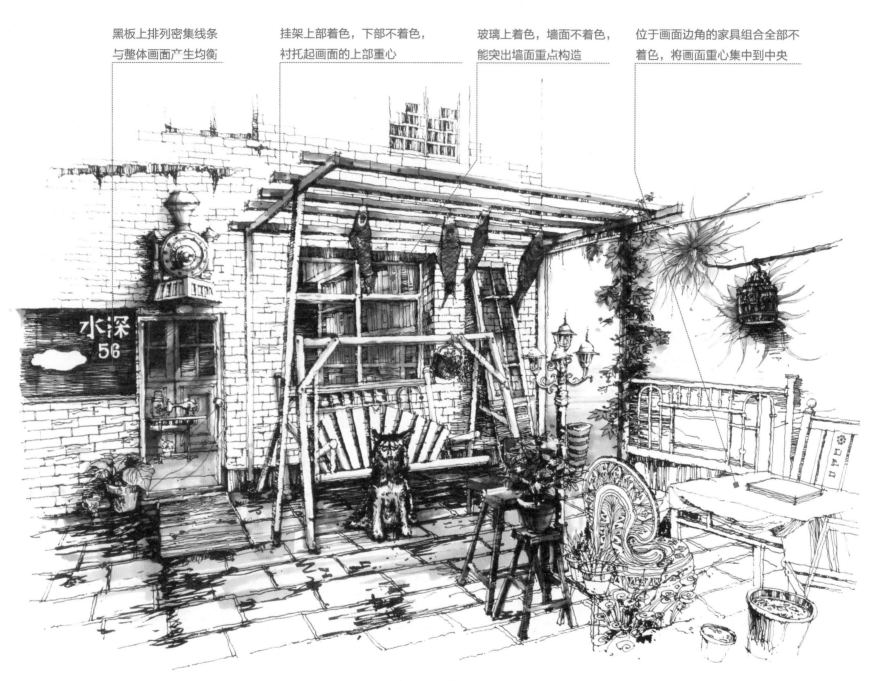

黑板上排列密集线条
与整体画面产生均衡

挂架上部着色，下部不着色，
衬托起画面的上部重心

玻璃上着色，墙面不着色，
能突出墙面重点构造

位于画面边角的家具组合全部不
着色，将画面重心集中到中央

水深
56

▲店面景观效果图

采用马克笔细头在树杈上的
简单着色，分出深浅关系

建筑上的木质构造是着色重点，为
了表现出丰富的效果，应当保留部
分构造不着色，形成一定对比

树梢的形体自由变化，曲
度自然的效果为佳

背景与地面保留空
白，形成积雪效果

▲旅游区建筑景观效果图

中景灌木不着色，远景
与近景局部着色，将中
景烘托出来

地面采用暖灰色笔触，
虽然稍显杂乱，但是
能衬托出建筑的精致

较深的云彩能将屋
顶积雪烘托出来

树干用暖灰色，与
地面形成呼应

▲建筑景观效果图

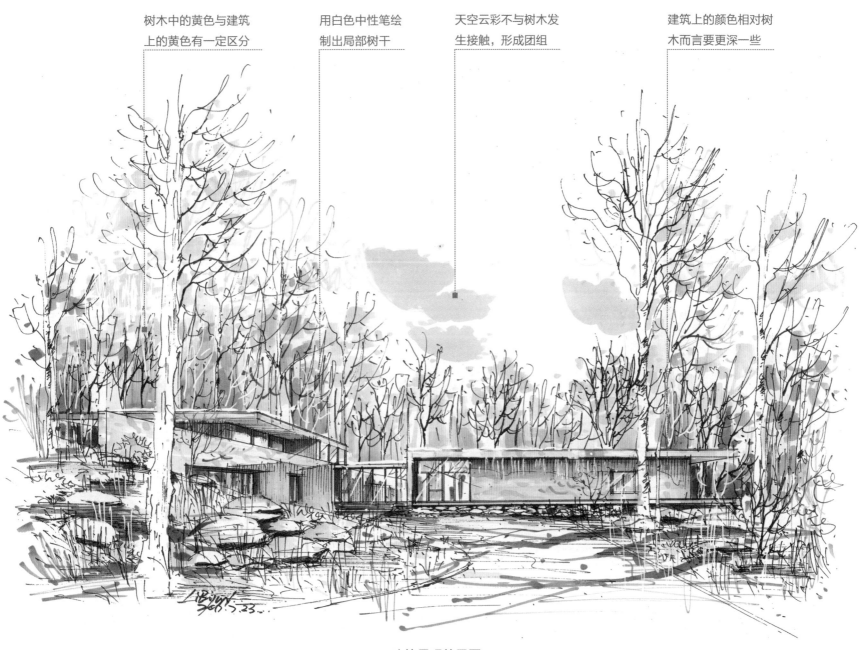

树木中的黄色与建筑
上的黄色有一定区分

用白色中性笔绘
制出局部树干

天空云彩不与树木发
生接触，形成团组

建筑上的颜色相对树
木而言要更深一些

▲建筑景观效果图

主要树木与建筑要保持
距离，不能遮挡建筑

木质建筑用线
条来强化材质

树干保留亮部不着
色，增强形体结构
与立体感

树木过多的部位可以
变换颜色，选择同色
系中的近视色

▲建筑景观效果图（沈嘉倩）

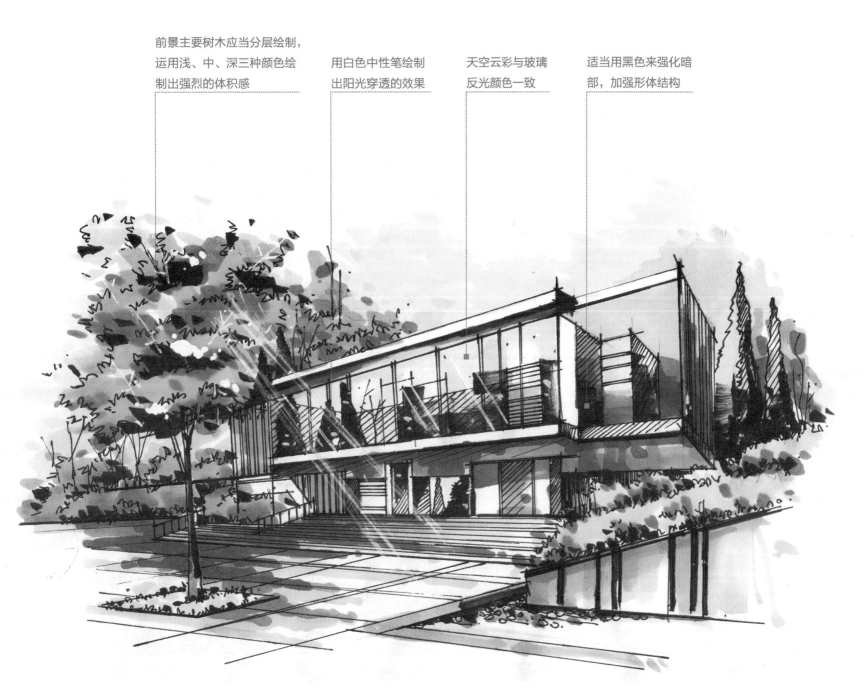

前景主要树木应当分层绘制，运用浅、中、深三种颜色绘制出强烈的体积感

用白色中性笔绘制出阳光穿透的效果

天空云彩与玻璃反光颜色一致

适当用黑色来强化暗部，加强形体结构

▲建筑景观效果图（涂云）

马克笔着色后用较深的
同色系彩色铅笔覆盖一
遍能迅速强化层次

近处花草的着色尽量
表现浓重一些，但是
要抓住重点

深灰色与黑色局部用
于暗部能加深层次

石材墙面着色可以
凌乱一些，但是不
要超过墙面界线

▲建筑景观效果图（李鸣杨）

树叶可以根据构图不着色

天空也可以不画云彩，但是建筑玻璃目前的反光要能表现出天空的色彩

地面树木阴影采用暖深灰色

螺旋线能概括墙面构造与反光

▲建筑景观效果图

多种颜色先后绘制时速
度要快，就能表现出相
互渗透的晕染效果

深色压低能稳
住画面重心

小瀑布蓝色分深、浅两
个颜色绘制，运笔挺直

白色高光笔提亮树杈

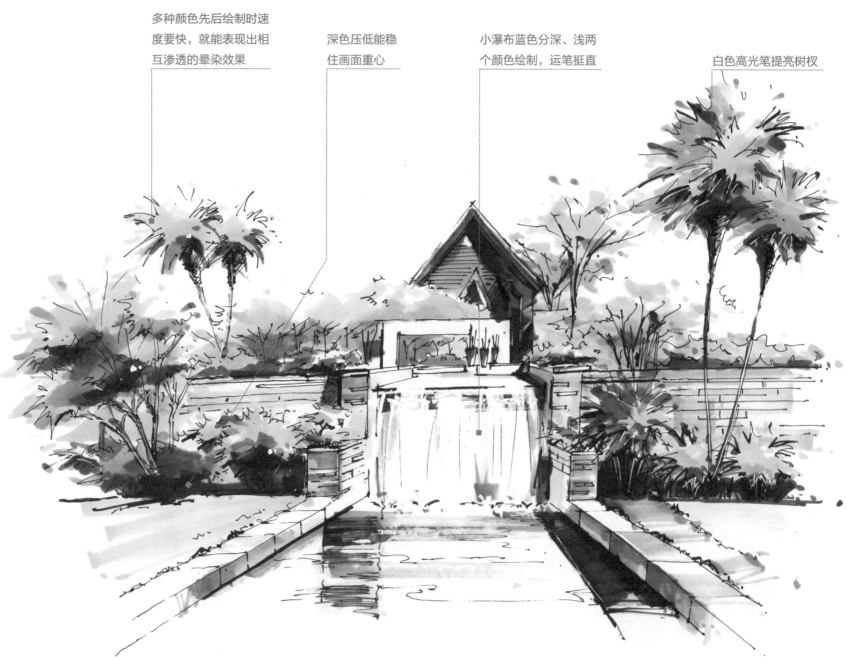

▲建筑景观效果图（王文霖）

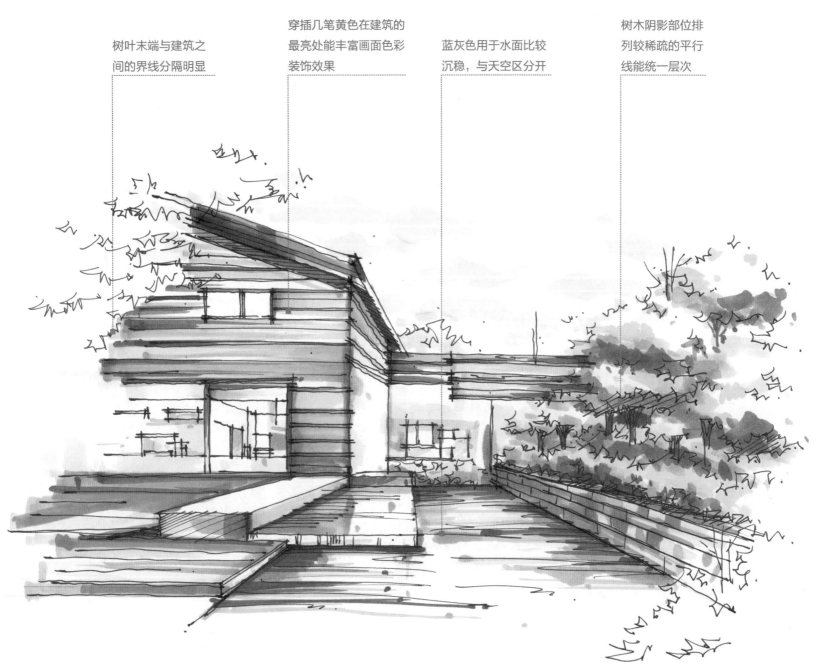

树叶末端与建筑之
间的界线分隔明显

穿插几笔黄色在建筑的
最亮处能丰富画面色彩
装饰效果

蓝灰色用于水面比较
沉稳,与天空区分开

树木阴影部位排
列较稀疏的平行
线能统一层次

▲建筑景观效果图(龙宇)

只对暗部着色是比较简单的马克笔技法，找准暗部色彩关系，画完画充足后，再根据整体画面需要，向两面拓展少量颜色。对于植物、配景的色彩就更简单了，只需要找准深、浅两种颜色就能完成一个部位的着色。这种技法适用于时间紧张的快题表现，但是整体画面注重的不再是表现技法了，而是设计感觉。

角度较侧的亮面一般比较集中，在暗部对比下显得特别亮

形体结构轮廓可以不用直尺绘制，徒手绘制慢线效果会更好

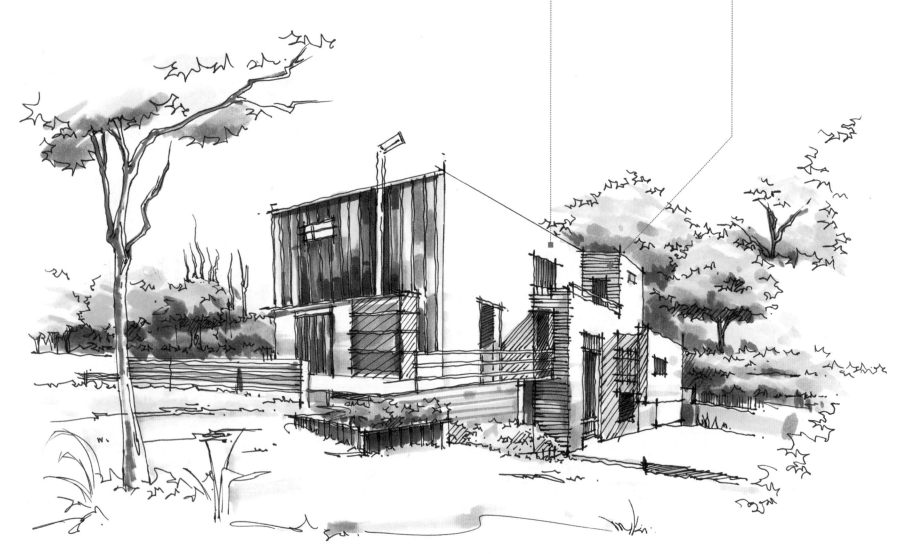

▲建筑景观效果图（龙宇）

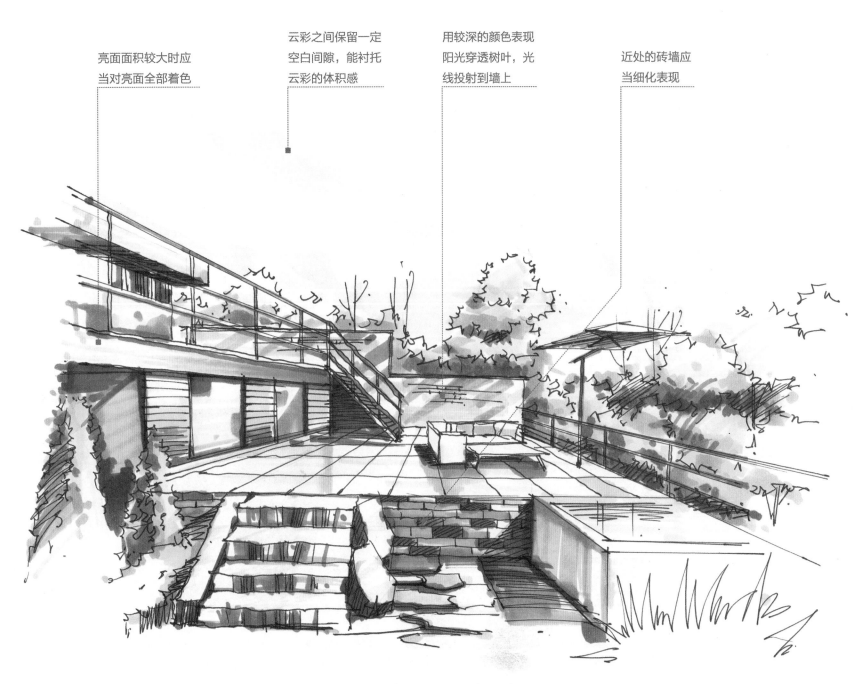

亮面面积较大时应
当对亮面全部着色

云彩之间保留一定
空白间隙，能衬托
云彩的体积感

用较深的颜色表现
阳光穿透树叶，光
线投射到墙上

近处的砖墙应
当细化表现

▲庭院景观效果图（龙宇）

幕墙上的倒影来自于树木与天空的反射，各种深浅的灰色都可以应用

倒影与实景的画法一致，注意上下镜像后的效果

白色中性笔排列线条用于表现水池的反光

地面用多种红色相互融合变化出深浅不一的关系

▲建筑景观效果图（罗昱琪）

只画树叶的底部形体，不画上部，形成比较轻松透气的效果

远处树木可以整体排列线条来拉开距离

中远景树木颜色纯度可以降低，偏灰偏蓝

水池中的蓝色偏冷，与天空中偏暖的云彩形成对比

▲建筑景观效果图（涂云）

低矮的花台虽然面积较小，但是也要分清明暗面，形成比较强的体积关系

投射到主墙上的阴影对比应当强烈

地面上的点笔用来表现树木的零星投影

深灰色用于树叶暗部，与墙面投影形成呼应

▲庭院景观效果图（涂云）

灌木与乔木的
颜色要区分开

地面不着色，只是少
许绘制石子的轮廓

白色涂改液强化亮部
轮廓达到高光效果

看似比较杂乱的树木，其
中深色都压在底部绘制

▲小品景观效果图（涂云）

树木可以不着色，但是对在地面上的投影应当有所表现

建筑亮部选用彩色铅笔排列，强化建筑构造的整体性

水池面用深灰色，白色涂改液竖向勾勒倒影

白色涂改液绘制的直射光线错落有致

▲建筑景观效果图（涂云）

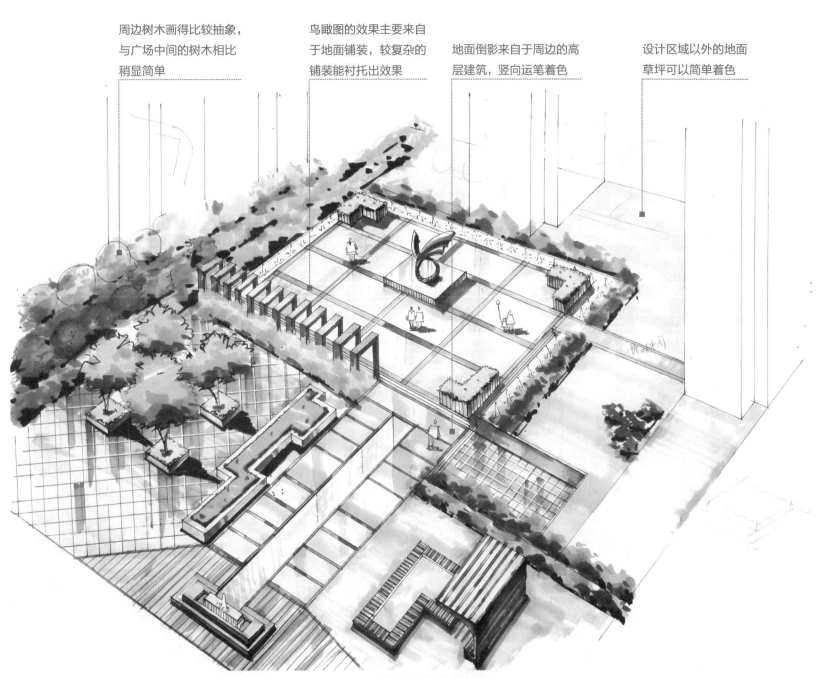

周边树木画得比较抽象，
与广场中间的树木相比
稍显简单

鸟瞰图的效果主要来自
于地面铺装，较复杂的
铺装能衬托出效果

地面倒影来自于周边的高
层建筑，竖向运笔着色

设计区域以外的地面
草坪可以简单着色

▲广场景观鸟瞰效果图

不同品种植物
应当区分色彩

立柱表面排列深色彩色铅笔线条
能体现出立柱材质的粗壮结实

细致刻画中央家具,
体现出画面中心

周边绿化植物色彩较深,
能衬托出主体场景

▲庭院景观效果图(张达)

着色到边缘时注意要有过渡，不能立即收笔

周边墙面、灌木采用深色环绕，衬托出中央主体亭子

亮面着色简单，运笔顺应六边形结构排列

周边灌木色彩多样化，丰富全图效果

▲庭院景观效果图（张达）

全着色马克笔效果图能表现出凝重、明快的效果，但是绘制时间长，需要着色的部位多，这种表现方式适用于幅面较小的作品，或时间充裕的考试。在绘制过程中也要把握好进度，对每个局部的画法要了如指掌，平时多练习，不能在考试时有尝试技法的心理，对一个局部不能反复着色，以免画脏或浪费时间。

由于是鸟瞰角度，因此水池的颜色尽量深一些，蓝色、绿色、黄色混合搭配起到丰富画面的目的

中央家具应当画得很细致

▲庭院景观效果图（张达）

草地颜色略深能
衬托出中央主体

户外木地板用彩
色铅笔覆盖一遍

▲庭院景观效果图（张达）

阔叶植物在近景与
远处植物形成对比

草质屋顶颜色较浅，点
白后表现出露水效果

周围绿化植物颜色较深，能
衬托出中央主体建筑的浅色

▲公园景观效果图（张达）

抓住扇形亭子很窄的受
光面，将立体关系拉开

▲公园建筑景观效果图（张达）

白色墙面不着色，依靠
深绿色绿化来衬托

▲酒店庭院景观效果图（张达）

墙面运笔顺着横向结构，从
下向上逐步过渡，排列绿色
彩色铅笔线条反映出环境色

在水池中最深暗的部位绘制
倒影来表现层次

水面的深色中搭配深蓝色、
深绿色，并用黑色线条强化

各种石头都要有明暗两个面，
表现出体积感，石头的颜色
不能太单一，要用同色系分
出几种颜色来

接近画面边缘的石头不着色，
保留轮廓作为边缘

▲住宅庭院水景效果图（张达）

带有鸟瞰角度的景观效果图一定要抓住重点，不能全面绘制，哪怕就是一个小品，一件家具都可以，类似于相机拍照时对焦一样，能将画面重点凸显出来。

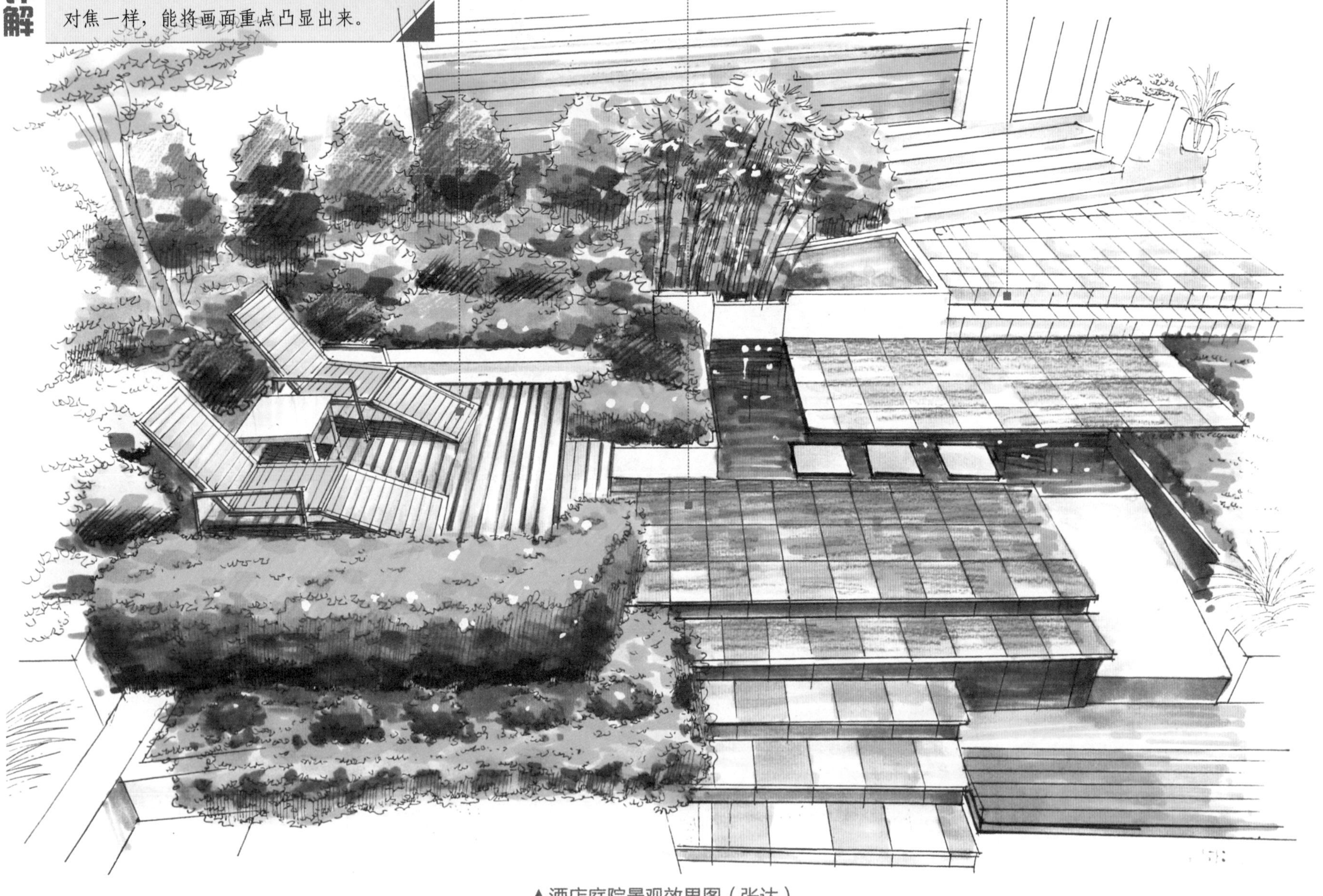

躺椅是画面重点，受光面、侧光面、投影都应当清晰表现

近处地面的颜色要比远处要浓重些，这样能拉开层次关系

浅色区域也要有一定的明暗、色彩对比

▲酒店庭院景观效果图（张达）

位于画面边缘的小品着色可
以简单，但是形体不能马虎

地面着色可以选用较干的马克
笔平涂，再用彩色铅笔覆盖

躺椅表面用涂改液
绘制表现出高光

周边石头用暖灰色，
与地面保持统一

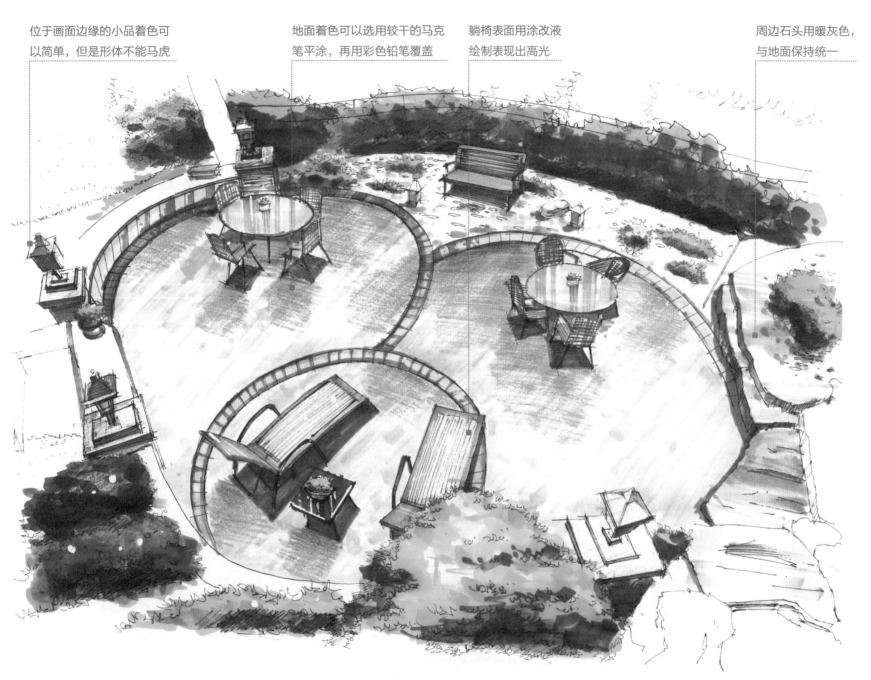

▲酒店庭院景观效果图（张达）

热带植物大多是阔叶，要
将叶片的形态画清楚

建筑框架形体用直尺绘
制，直线的挺括与植物
的自然形成对比

位于画面中央的主要
植物形态应当更多姿

绿色植物的间隙用深色
填充，将绿色烘托出来

▲植物园绿化景观效果图（张达）

画幅的长宽比例一般为传统的4∶3或5∶4，这样能适应各种设计构图。随着时代的发展，很多手机屏幕如今都是16∶9或18∶9，给我们的生活带来了全面革新。在考试时可以选用类似于手机长宽比例的画幅，当然也要根据整体画面的构图效果来决定。过于扁长的幅面适用于左右宽度较大的设计对象，一般以一点透视为主，两点透视的消失线过长会让人感到透视不真实，三点透视更是很难表现。

树木与草地的绿色应当有明显区别

靠近中央的绿化植物表现得详细，远离中央的表现得简单

中央主体构造选用较深的颜色突出中心地位

接近画面边缘的笔触应当自由灵活

▲办公区景观效果图（张达）

由于整体画面是一点透视，左右两侧的绿化植物水平运笔

台阶受光面可以不着色，与侧面深色形成对比

台阶侧面左右两侧颜色加深，中间变浅

通过线条结构来表现台阶表面的不平整

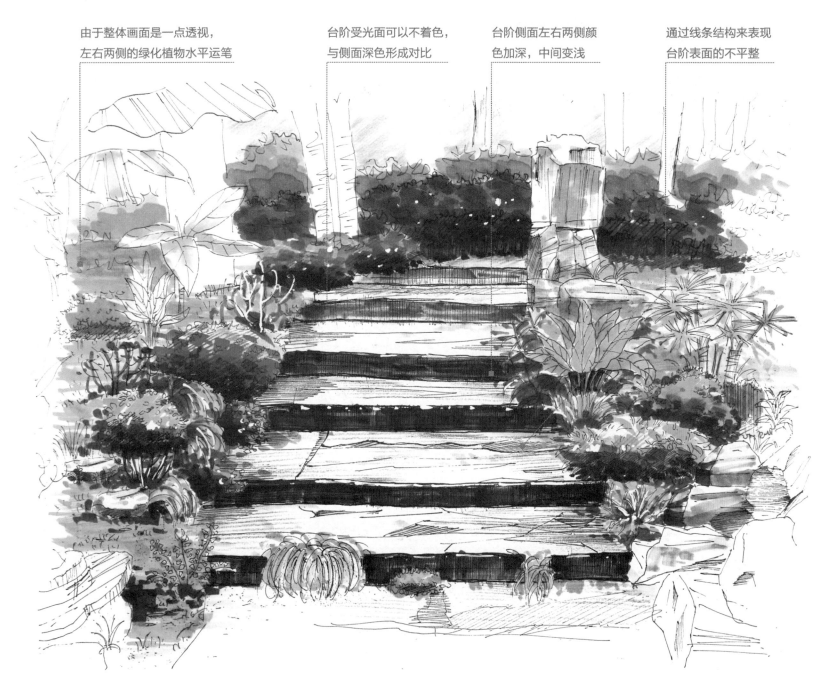

▲公园景观效果图（张达）

位于右上角的绿化仅仅作为整幅画面的点缀，简单着色即可

窗户上着色应当较深，与白墙形成对比

水池侧壁的马赛克瓷砖用点笔来表现色彩的丰富性

近处防腐木地板选用两种深浅不一的黄色，笔触灵活自如

▲住宅庭院景观效果图（张达）

作为配景的竹子可以根
据远近分为两种颜色

石头的暗部可以排列线
条轮廓，再赋予深灰色

喷泉中的白色水
珠不宜点缀过多

水池围台侧面用深灰色
画出螺旋形过渡线条

▲酒店庭院景观效果图（张达）

位于边缘的植物
只需局部着色

作为主景的灌木明暗
与色彩对比要强烈

门窗上的马克笔颜色不宜太深，
用较深的彩色铅笔排列一遍

水池靠近画面边缘的笔触采用
点笔，色彩变化可以丰富些

▲酒店庭院景观效果图（张达）

深色与浅色之间相互衬托，能形成强烈的对比。这种明度上的相互衬托是手绘效果图的基本要求。

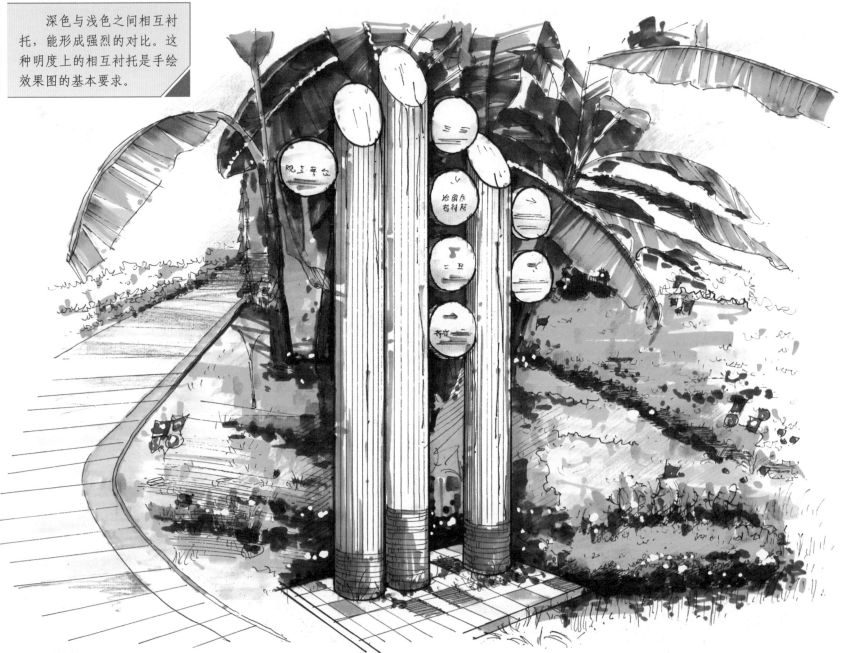

▲公园路标景观效果图（张达）

▲酒店小品景观效果图（张达）

前景的绿化适当配置
鲜花能与主设计形体
形成呼应

采用涂改液来
表现最亮部

暗部用黑色线条排列能加
深对比，整体结构选用3种
不同的橙黄色来表现体积

地面上的运笔完全根据透
视方向来绘制，对同一色
系的多种颜色灵活运用

▲游乐场景观效果图（张达）

▲住宅小区水景效果图（张达）

石头的过渡面与暗部应
当有明显区别，表现出
石头的棱角分明

低处水面位于画面中
央，用多种深色表现

水幕用中等蓝色，高
光不宜绘制过多

高处水面位于画面
边缘，用浅色表现

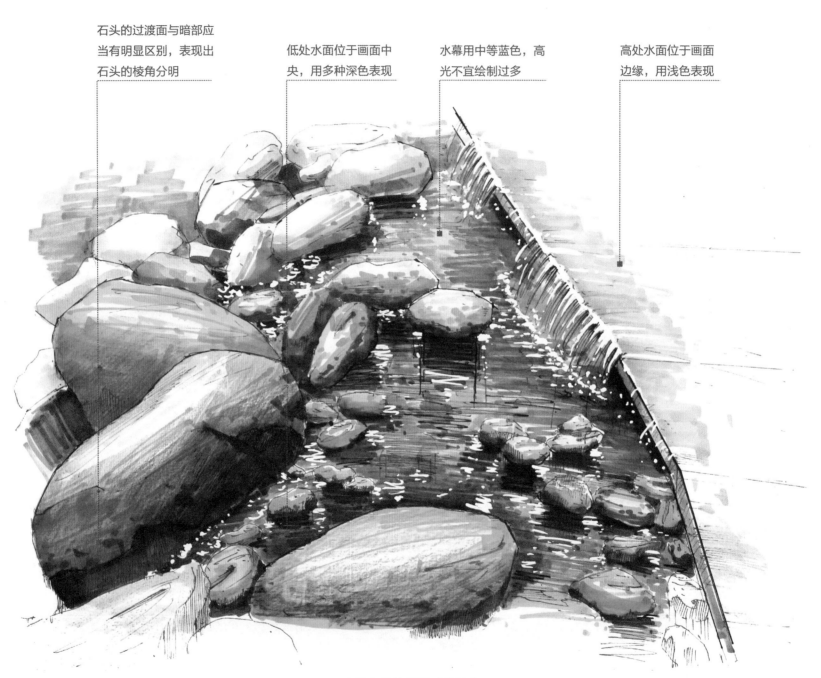

▲公园水景效果图（张达）

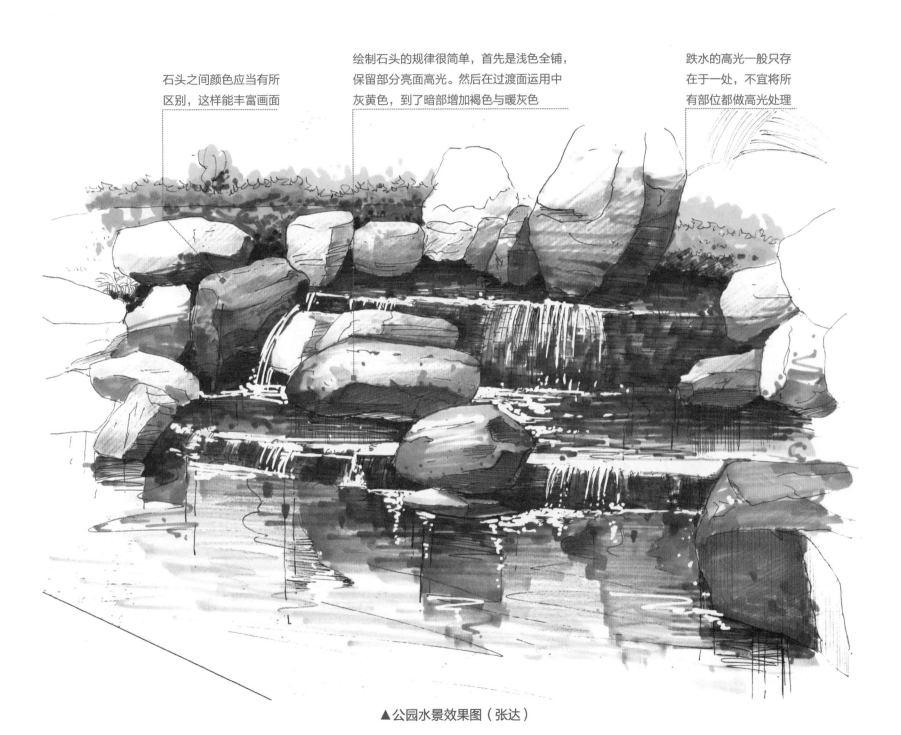

石头之间颜色应当有所
区别，这样能丰富画面

绘制石头的规律很简单，首先是浅色全铺，
保留部分亮面高光。然后在过渡面运用中
灰黄色，到了暗部增加褐色与暖灰色

跌水的高光一般只存
在于一处，不宜将所
有部位都做高光处理

▲公园水景效果图（张达）

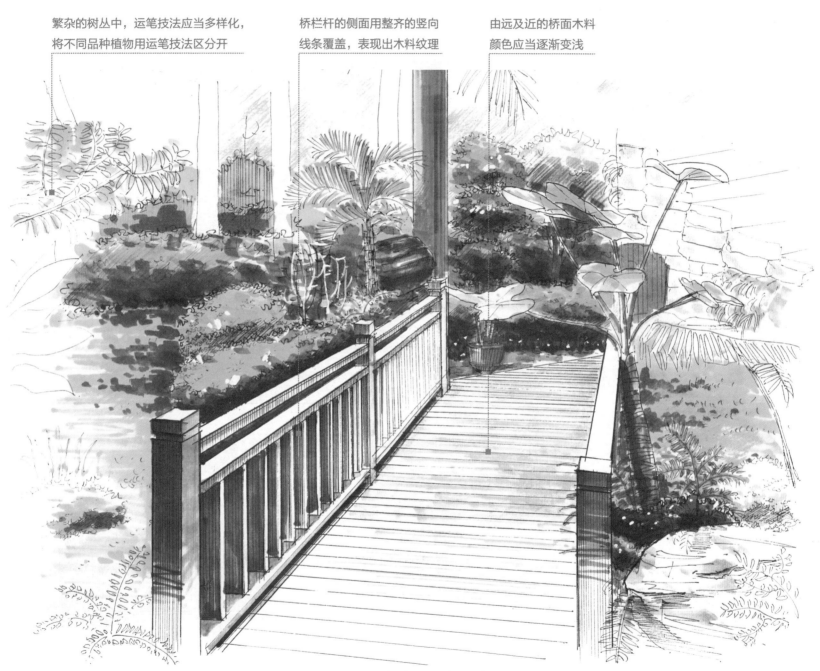

繁杂的树丛中，运笔技法应当多样化，将不同品种植物用运笔技法区分开

桥栏杆的侧面用整齐的竖向线条覆盖，表现出木料纹理

由远及近的桥面木料颜色应当逐渐变浅

▲公园景观效果图（张达）

靠背弧形的凸出部位
是高光处，应当刻意
预留空白不着色

最主体的大S形是画
面中心，可用多条线
段拼接，形成比较流
畅的效果

靠背弧形的内凹部位
是高光处，由于在近
处，因此可以间或留
出空白不着色

地面深色衬托出座凳
扶手台的浅色

▲公园景观效果图（张达）

对部分最远的绿化植物
不着色，拉开画面层次

尽量细致刻画画面中心的家具，无论
线条还是色彩都是整幅画面的重点

前景花卉应当细致分色分
层次，与家具形成呼应

屋顶绿色应当与各
种绿化颜色区分开

▲住宅庭院效果图（张达）

对近处树木应当分色
处理，体积感要强

砖墙马克笔着色后用彩色铅
笔顺应透视方向排列线条

花台中的绿色应
当与草坪区分开

墙角处的天空采用彩色
铅笔绘制，排列倾斜线

▲住宅庭院效果图（张达）

由于建筑主体结构比较简单，近处的树木着色运笔应当大块，可以将马克笔的宽端稍用力压着绘制，就能形成较大的笔触，整体感觉较好

该角度建筑的侧面面积不大，正面面积较大，因此正面着色要到位，但是又不能涂得太满，可以用彩色铅笔覆盖一遍，具有一定的沧桑感

地面选用暖灰色，由远向近逐渐变浅

公共桌凳是画面的亮点，选用纯度较高的黄色来绘制，并用涂改液点亮高光

▲街头景观效果图（张达）

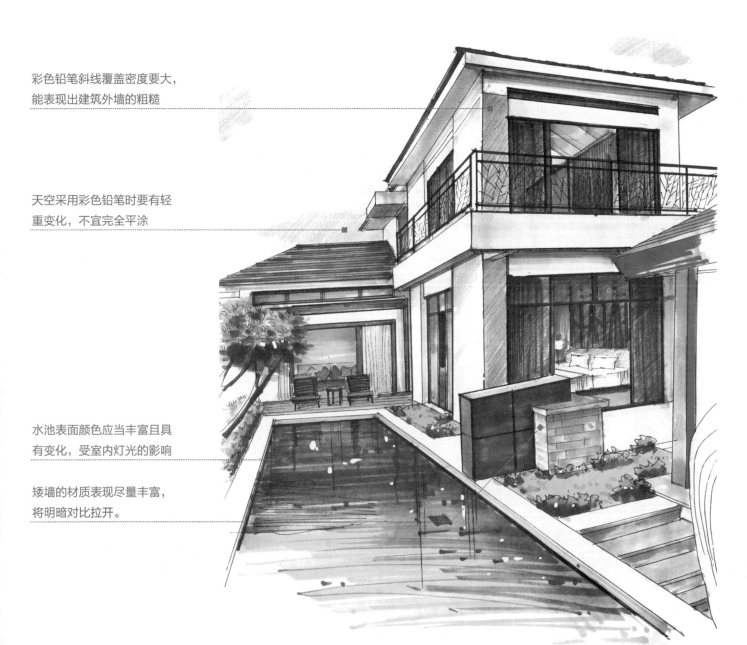

彩色铅笔斜线覆盖密度要大，能表现出建筑外墙的粗糙

天空采用彩色铅笔时要有轻重变化，不宜完全平涂

水池表面颜色应当丰富且具有变化，受室内灯光的影响

矮墙的材质表现尽量丰富，将明暗对比拉开。

▲住宅庭院效果图（张达）

院落边角的阴暗部位绿化
颜色应当更深些，这样就
能衬托出建筑的光亮

玻璃上的颜色主要是反射天
空的云彩叠加室内暗部所
形成，应当以深蓝色为主

石材纹理墙面应当刻画细
致，这是画面的中心部位

屋檐下的投影先用
线条覆盖，着色也
要具备一定的变化

▲住宅庭院效果图（张达）

暖灰色背景建筑具备很
简单的立体关系即可

墙面磨光石材
尽量平整绘制

台阶铺装色彩应
当比墙面要深

彩色铅笔只用
于低处绘制

营销中心

▲地产营销中心门头效果图（张达）

宽大的笔触能表现
出强烈的体积感

亮面的体块不宜采用涂
改液，留白是最佳选择

远处建筑只表现暗
部，单一着色即可

宽大的笔触表现水面时，
适当带些扫笔的感觉

▲商业中心景观效果图（王艺婕）

地面分色块平涂
能丰富画面效果

用彩色铅笔和直尺绘
制长线条，表现出招
牌的整体感和浑厚感

雨棚棱角用涂改液绘制
高光，表现出塑料材质

树木在地面上的投影
也用平直的线条绘制，
与地面铺装材料一致

BestBite

DONUTS & COFFEE

▲ 商业店面效果图（张达）

彩色铅笔倾斜线覆盖在马克笔着色上，更能体现木质材料的质感后

隔墙暗部颜色加深，与躺椅的亮面形成对比

远处树木可选用彩色铅笔绘制螺旋线

树木亮部适当用涂改液点白，点涂时注意大小点相互呼应

▲度假酒店景观效果图（张达）

技法详解

用马克笔单纯地平铺很难表现出生动的效果，需要配置点笔、挑笔等多种技法。但是对于整体感、机械感很强的设计对象，就应当在画面中仔细寻找能生动表现的地方，当马克笔无法丰富技法的时候，可以增加彩色铅笔、绘图笔的曲线来丰富。总之，不能让画面显得僵硬。

水池表面的绿化要与地面的盆栽区分开

用深红色与深灰色交替着色，表现出大门暗部材质的丰富性

内部墙面只绘制形体轮廓，简单着色，对比度应当较弱

▲博物馆大门效果图（张达）

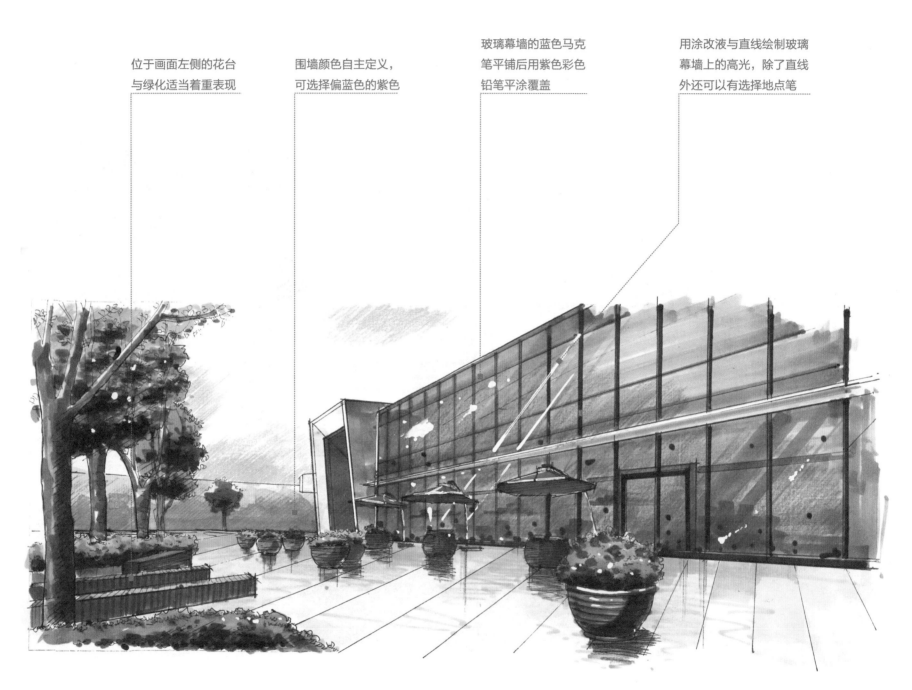

位于画面左侧的花台
与绿化适当着重表现

围墙颜色自主定义，
可选择偏蓝色的紫色

玻璃幕墙的蓝色马克
笔平铺后用紫色彩色
铅笔平涂覆盖

用涂改液与直线绘制玻璃
幕墙上的高光，除了直线
外还可以有选择地点笔

▲商业店面效果图（张达）

树木的形体和姿态根据构图来确定，适当保持空白

遮阳篷造型轮廓自然流畅，着色时适当保持空白，避免沉闷

躺椅亮面的蓝色应当与水面蓝色区分开

不同部位的绿化植物应当选用不同的色彩

▲酒店室外游泳池景观效果图（涂云）

经过修剪的灌木受光面可
以采用简练的横笔绘制

水池中的深色沿着周边绘
制，可以用尺横向表现

流水的形态尽量干净利落，背
景应当为深色，衬托出高光

木地板的笔触方向应当与水
池中保持一致，形成统一

▲公园景观效果图（张达）

第五章 快题设计作品

快题设计是指在较短的时间内将设计者的创意思维通过手绘表现的创作方式，最终要求完成一个能够反映设计者创意思想的具象成果。

目前，快题设计已经成为各大高校设计专业研究生入学考试、设计院入职考试的必考科目，同时也是出国留学（设计类）所需的基本技能，快题设计是考核设计者基本素质和能力的重要手段之一。

快题设计可分为保研快题、考研快题、设计院入职考试快题，不同院校对保研及考研快题的考试时间、效果图、图纸均有不同要求。但是基本要求和评分标准都相差无几，除了创意思想，最重要的就是手绘效果图表现能力了。本章列出快题设计优秀作品供学习参考。

快题设计 校园广场

设计说明：

　　本场地为在校学生一处休憩、交流，并且举行小型聚会的场所，体现校园文化精神，功能安排合理，空间组织灵活，形式手法多样，材料运用得当。本设计以"和"为主题，一切围绕着主题来设计，有小亭子方便学生休憩、交流，大型不规则铺装的广场方便学生集散，所有的内容都以人为本，体现校园文化精神。

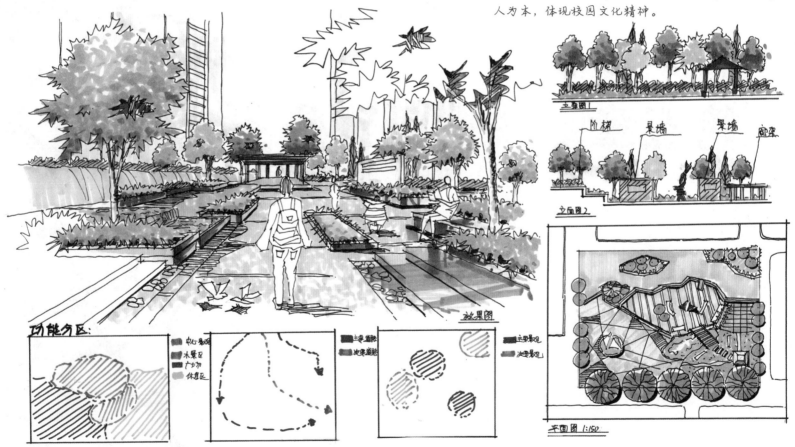

▲ 快题设计校园广场

快题设计
森林公园入口

设计说明:

　　本设计为森林公园入口,作为森林公园的入口景观,以美化城市为规划的目的,建造多变的景观空间,丰富的层次,以线性线条为主,开始构成公园设计的模板。在交通上,以"折线"的方法为主,两大线性通道,空中高架桥和地面通道;在植物配置上,以常绿乔木为主,大面积的阳光草坪供人游玩;在功能分区上,以主要景区的景墙为主。

第21天
做什么

　　根据本书内容,建立自己的景观快题立意思维方式,列出快题表现中存在的绘制元素,如植物、小品、建筑等,绘制并记住这些元素,绘制两张A3幅面小区、公园、校园、广场平面图,厘清空间尺寸与比例关系。

主体效果图以一点透视居多,能很容易找准透视形体

立面图着色后能丰富画面效果,对重要构造标识名称

配置各种必要的分析图有助于表达设计思想

技法详解

　　快题设计考试是水平测试,要稳健,力求稳中求胜。制图符合规范,避免不必要的错误;创意涵盖题意,没有忽略或误读任务书提供的线索;手绘表现美观,避免明显反人性的空间组织方式;有闪光点和能够吸引评分老师的精彩之处。

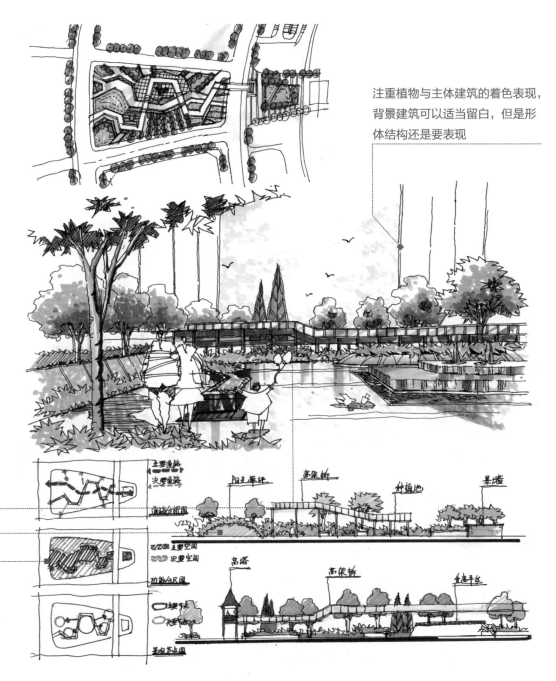

注重植物与主体建筑的着色表现,背景建筑可以适当留白,但是形体结构还是要表现

▲快题设计森林公园入口(余汶津)

快题设计 校园广场

设计说明：

　　本次方案是校园广场设计，广场总面积约375平方米。校园广场设计以"和"为主题，表现主要在植物与水景方面，加以"人"，三者和谐共处，在水景中铺设道路，并融合植物，达到有动有静，协调统一。本次设计植物以常绿乔木为主，加上阳光草坪和花卉，整个广场十分明快，以简洁的现代几何切割为主要设计形式。

① 阳光草坪
② 休闲区树池
③ 静景水景观赏区
④ 花卉
⑤ 状元桥

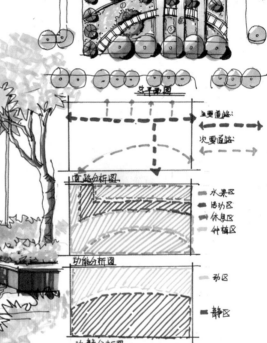

平面图是最基本的表述内容，一定要预留一个区域来绘制平面图

总平面图

主要道路
次要道路
道路分析图

水景区
活动区
休息区
种植区

功能分析图

动区

静区

功静分析图

主面图

立面图

效果图

第22天

做什么

　　实地考察周边住宅小区，或查阅搜集资料，独立构思设计一处较小规模住宅小区平面图，设计并绘制重点部位的立面图、效果图，编写设计说明，一张A2幅面。

▲快题设计校园广场（余汶津）

快题设计 公共广场

平面图中的文字可以
用标号来集中记录

平面创意尽量有新意，
避免雷同或落俗套

设计说明：

　　本方案是以"美丽中国"为主题的公共广场设计。美丽中国公共广场设置了有中国特色的红飘带广场、音乐喷泉和红星广场休息区。广场设有特色纪念雕塑与纪念亭，凸显中国特色，还有长征之路观赏区、文化欣赏区等。本方案布局合理，环境优美，文化气息浓厚。

① 红飘带广场　　⑥ 休息区
② 音乐喷泉　　　⑦ 文化欣赏区
③ 红星记忆休息区
④ 中国特色雕塑
⑤ 革命纪念亭
⑧ 长征之路纪念区

总平面图

主要道路：
次要道路：
道路分析图

中心景区：
次要景区：
景区功能分区

主要节点：
次要节点：
景观布点图

效果图

立面图

立面图

立面图颜色不宜过于丰富，不宜抢
占了主体效果图的视觉中心地位

▲快题设计公共广场

143

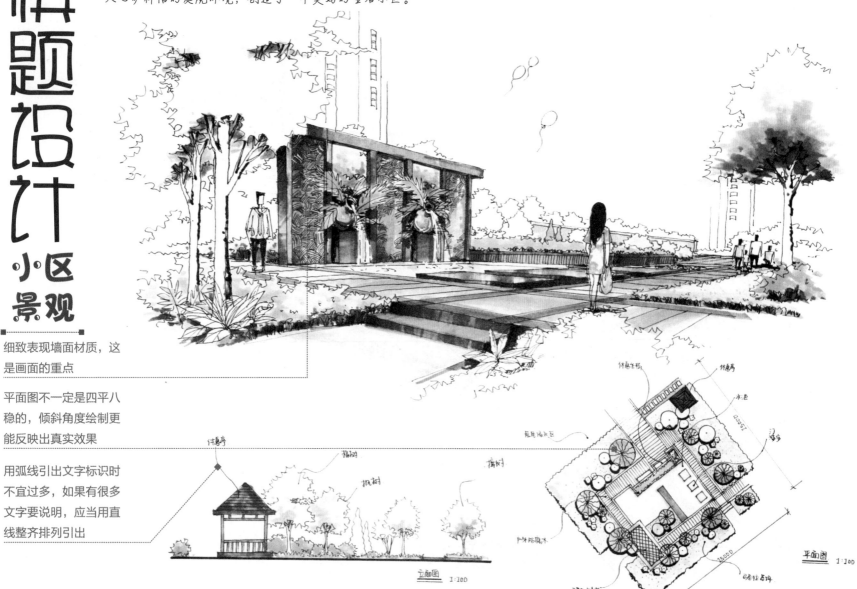

设计说明：

　　本方案设计的是某小区的庭院，以人为主，人与自然相和谐，运用常绿的灌木以及各色花卉相搭配，四季色彩鲜明，营造了一个令人心旷神怡的庭院环境，创造了一个美好的生活小区。

快题设计 小区景观

细致表现墙面材质，这是画面的重点

平面图不一定是四平八稳的，倾斜角度绘制更能反映出真实效果

用弧线引出文字标识时不宜过多，如果有很多文字要说明，应当用直线整齐排列引出

立面图　1:100

平面图　1:100

▲快题设计小区景观

快题设计
校园广场

设计说明:

　　本方案是一个以"和"为主题的校园广场,坚持"以人为本"的设计原则,为师生营造一个良好的校园环境。本设计的主要亮点在于入口处的喷泉景观,高低错落的喷泉,在四周绿植的衬托下构成一幅美丽的画面,让人流连忘返。

第23天
微什么

　　实地考察周边街头公园,或查阅搜集资料,独立构思设计一处较小规模公园平面图,设计并绘制重点部位的立面图、效果图,设计说明,一张A2幅面。

技法详解

　　快题设计的评分标准:图面表现40%、方案设计50%、优秀加分10%。在不同的阶段,表现和设计起着不同的作用。

　　评分一般分为三轮:第一轮将所有考生的试卷铺开,阅卷老师浏览所有试卷,挑出表现与设计上相对很差的放入不及格之列。第二轮将剩下来的及格试卷评出优、良、中、差四档,并集体确认,不允许跨档提升或下调。第三轮按档次量分转换成分数成绩,略有1~2分的分差。

　　要满足以上评分标准,从众多竞争者中脱颖而出,必须在表现技法上胜人一筹,对于创意思想可以在考前多记忆一些国内外优秀设计案例。

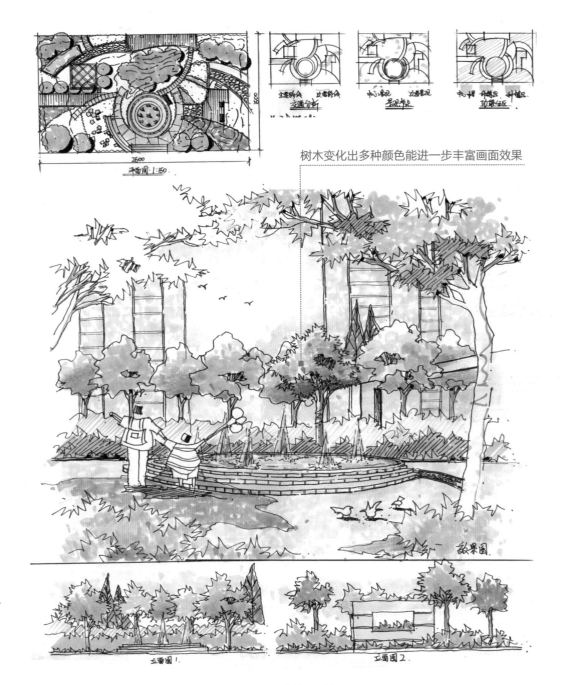

树木变化出多种颜色能进一步丰富画面效果

▲快题设计校园广场

145

快题设计 城市绿地广场

做什么

设计说明：

　　本方案为城市绿地设计，场地大小约为100m×10m，是一块地势平坦的场地。本设计方案坚持"以人为本"，为城市居民提供一个适宜参观游玩的绿地场所，向外来游客展现本城市的历史文化与人文气息。

剖面图将水景深度表现出来，具有真实性

景观造型形体结构应当具备一定审美感与设计感

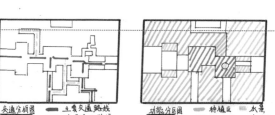

交通分析图　　主要交通路线　　次要交通路线

功能分区图　　绿植区　　水景　　中心景观　　体闲区

总平面图

A-A'剖面图

B-B'立面图

效果图

▲快题设计城市绿地广场（韩宇思）

快题设计

城市绿地广场

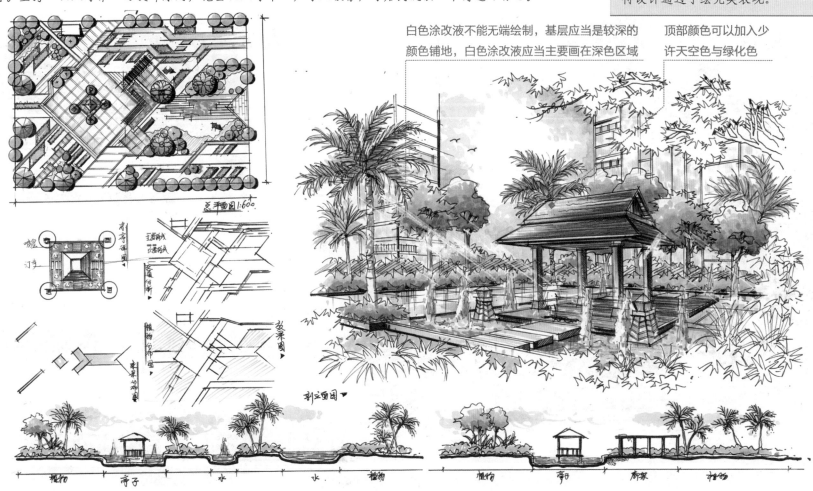

设计说明:

　　本方案是一个位于海南的公共绿地广场。为体现其沿海城市特点，多种植棕榈，也设置了水景，满足了人们活动需求，设计了一个800平方米左右的广场，可供周围居民娱乐，内设凉亭、廊架，可供休息。坚持"以人为本"的设计原则，完全以人为中心，为人服务，为居民提供一个舒适的场地。

技法详解

　　手绘是通过设计者的手来进行思考的一种表达方式，它是快题设计的直接载体，手绘是培养设计能力的手段。快题设计和手绘相辅相成。无论是设计初始阶段，还是方案推进过程，手绘水平出色无疑具有很大优势。在手绘表现过程中最重要的就是融合创意设计思想，将设计通过手绘完美表现。

白色涂改液不能无端绘制，基层应当是较深的颜色铺地，白色涂改液应当主要画在深色区域

顶部颜色可以加入少许天空色与绿化色

总平面图1:600

剖立面图▶

▲快题设计城市绿地广场（康题叶）

147

快题设计 城市绿地广场

设计说明：

　　本方案是一个公共绿地广场设计。本设计功能分区合理，在东部设置了中心广场活动区，西部设置了廊架休闲区，在北部设置了水景观赏区，在南部设置了文化景墙欣赏区。本次设计环境优美，植物覆盖率高，乔木、灌木、草地层次分明。本次设计的植物配置四季常绿，另有特色树观赏区，达到人与自然的和谐统一，可以满足人们的休闲、娱乐、观赏需求。

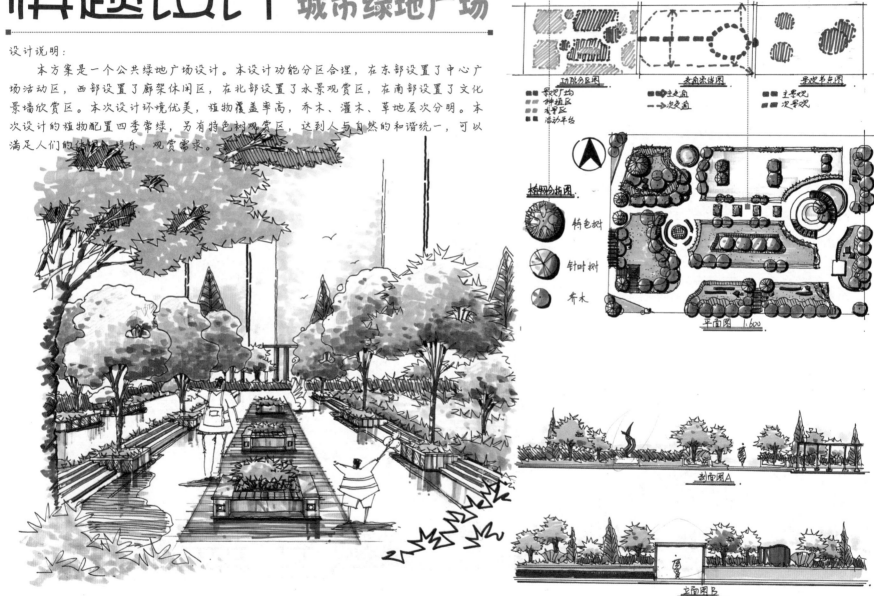

树木图例是必不可少的组成元素

如果时间比较紧张，也可以不对道路地面着色

功能分区图　　　　交通流线图　　　　景观节点图

景观广场　　主支道　　主景观
种植区　　泡次道　　次景观
水景区
活动平台

植物分析图：
特色树
针叶树
乔木

平面图 1:600

剖面图A

立面图B

▲快题设计城市绿地广场（王雪逸）

148

快题设计
公共绿地广场

设计说明：

　　本方案为公共绿地广场设计。根据当地的文化习俗以及设计要求，在该广场绿地处设置了公共的小型活动广场，供当地居民举行各种小型活动或游玩、观赏。因为该城市的文化氛围浓厚，故在广场周围设置了例如廊架亭子、水景等符合文化氛围的景观，使得场地中更具文化气息。

第25天

做什么

　　实地考察周边室外儿童乐园，或查阅搜集资料，独立构思设计一处儿童乐园平面图，设计并绘制重点部位的立面图、效果图，编写设计说明，一张A2幅面。

技法详解

　　常规手绘表现设计与快题设计是有很大区别的。

　　常规手绘表现设计是手绘效果图的入门教学，课程开设的目的是指导学生逐步学会效果图表现，是循序渐进的过程，作业时间较长，能充分发挥学生的个人能力，有查阅资料的时间。快题设计是对整个专业学习的综合检测，是考查学生是否具有继续深造资格的快速方法，在考试中没有过多时间思考，全凭平时学习积累来应对，考试时间是3~8小时不等。

总平面图1:600

天空中刻意留出空白衬托彩色气球

点彩绘制技法相对简单，但是比较花时间，周边绘制范围可以灵活控制

效果图

剖面图

立面图

▲快题设计公共绿地广场（徐玉林）

149

快题设计 公共绿地广场

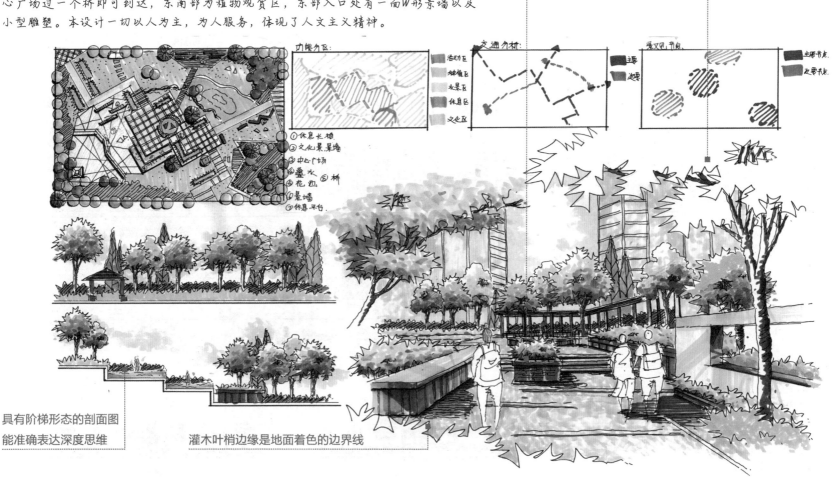

实地考察周边室外车站、喷泉、售货亭等小型建筑，或查阅搜集资料，独立构思设计一处小型建筑三视图，设计并绘制效果图，编写设计说明，一张A2幅面。

设计说明：

　　本方案为某广场公共绿地设计，分区明确，具有活动区、种植区、水景区、文化区。大面积广场适合大家交流，凉亭、厕所一应俱全。在中部设计了中心广场和叠水区，场地西部设置了小凉亭和休息区，北部设置了文化景墙和文化雕塑，从中心广场过一个桥即可到达，东南部为植物观赏区，东部入口处有一面W形景墙以及小型雕塑。本设计一切以人为主，为人服务，体现了人文主义精神。

位于道路中央的花坛应当细致刻画

树梢边缘是建筑着色的边界线

具有阶梯形态的剖面图能准确表达深度思维

灌木叶梢边缘是地面着色的边界线

▲快题设计公共绿地广场（叶妍乐）

快题设计 公共绿地广场

设计说明:

　　本方案是公共绿地广场设计,此次设计的广场位于武汉中部属亚热带气候,目的是为武汉设计一个有当地人文气息与风俗特色的广场,以"创新新城市"为主题,设计了具有现代气息的景观小品,又设置了武汉特色的文化景墙,可以满足人们休闲、娱乐的需要。

红色树木能很好
地调节画面气氛

善用折线形体来表现创意,
能凸显设计品质,绘制起
来也很简单

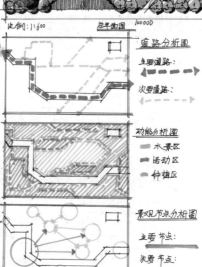

▲ 快题设计公共绿地广场(余文津)

技法详解　点彩画法操作起来比较简单,主要依靠明暗关系来衬托效果,但是在着色过程中所花费的时间较长,应当预先多练习,对设计方案有明确构思再上场考试。

快题设计 校园广场喷泉水景

设计说明：

　　本方案是一个以"和"为主题的校园广场，坚持以人为本、为人服务的原则，致力为广大师生营造一个舒适的学习环境。本方案追求自然，让水景和绿植相映衬，充分展示了自然与人的和谐统一。在空间上采用"点"状绿化，节点绿化，分散布置，为师生提供了休闲游戏空间。多个大小不一的圆形花坛，高低错落，使空间有层次感，显得丰富多彩。在植物种植上，采用多种植物，大乔木、小乔木及多彩花卉。丰富了小场地的层次，同时在视觉上也让人眼前一亮，让师生在学习工作疲惫时，得到放松，精神愉悦。

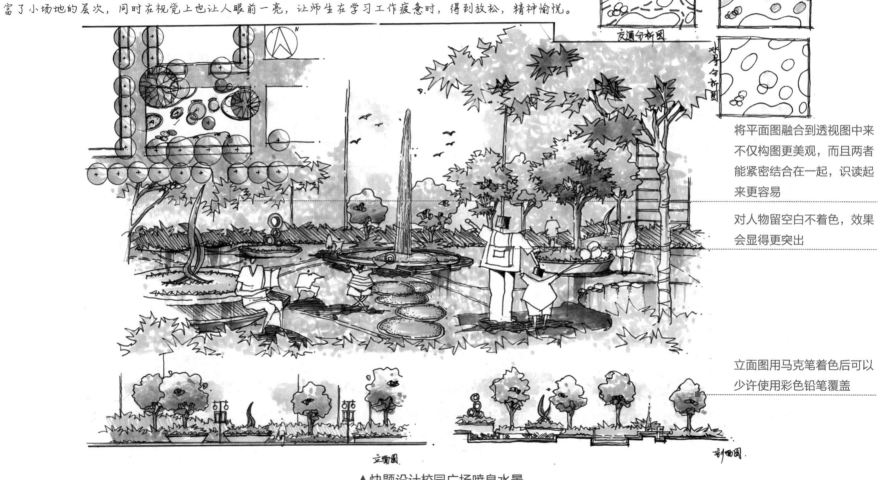

将平面图融合到透视图中来不仅构图更美观，而且两者能紧密结合在一起，识读起来更容易

对人物留空白不着色，效果会显得更突出

立面图用马克笔着色后可以少许使用彩色铅笔覆盖

▲快题设计校园广场喷泉水景

快题设计
公共广场

设计说明:

　　本设计是一个以"美丽中国"为主题的公共广场,坚持以人为本的设计原则,致力为居民提供一个舒适美观,集休闲娱乐为一体的场所。

做什么

实地考察周边商业、文化中型建筑,或查阅搜集资料,独立构思设计一处中型建筑三视图,设计并绘制效果图,编写设计说明,一张A2幅面。

技法详解

　　景观快题设计创意主要分为三个步骤进行。

　　首先,要建立结构,建立通过、休憩、活动、观景等空间使用情景系列,重视其中对称、对景、收放等关系。

　　然后,设计地面,地面中的绿地是建筑基底和必要道路以外的空地。不能将绿地当成填补空地、让图面显得紧凑的补救手段。地面设计要集中起来,做成有规模、有设计深度的景观,包括铺地样式、喷泉、构筑物,甚至大面积的人工湖。

　　最后,进行单体设计,单体设计也可以预先参考优秀设计作品,记忆一些具体的构造形体,很多东西就可以在做快题时拿去套用了。

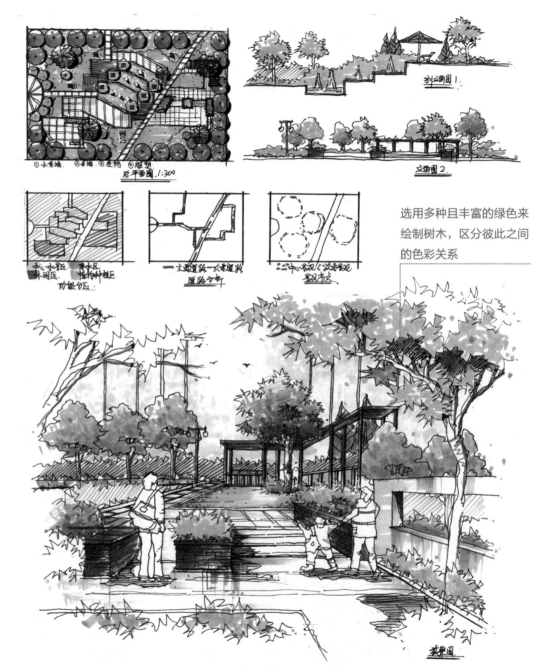

选用多种且丰富的绿色来绘制树木,区分彼此之间的色彩关系

▲快题设计公共广场(康题叶)

快题设计 街心公园

反复自我检查、评价绘画图稿，再次总结其中形体结构、色彩搭配、虚实关系中存在的问题，将自己绘制的图稿与本书作品对比，快速记忆一些自己存在问题的部位，以便在考试时能默画。

设计说明：

　　本设计是一处市民集散、休闲、亲水、观看展览的城市开放空间。以斜方形的设计元素设计本场地，设有中心节点，并设有水景，为了与河流相呼应，在临写字楼区域设计一展览用地，各功能之间相互联系，并在滨水区设有延伸平台，可以带来亲水感受，营造出一个轻松愉快的氛围，有利于市民身心健康的发展，积极打造城市滨水建设。

具有轴测视角的平面图立体感很强，立意较高

强化树木投影是体现立体效果的最佳技法

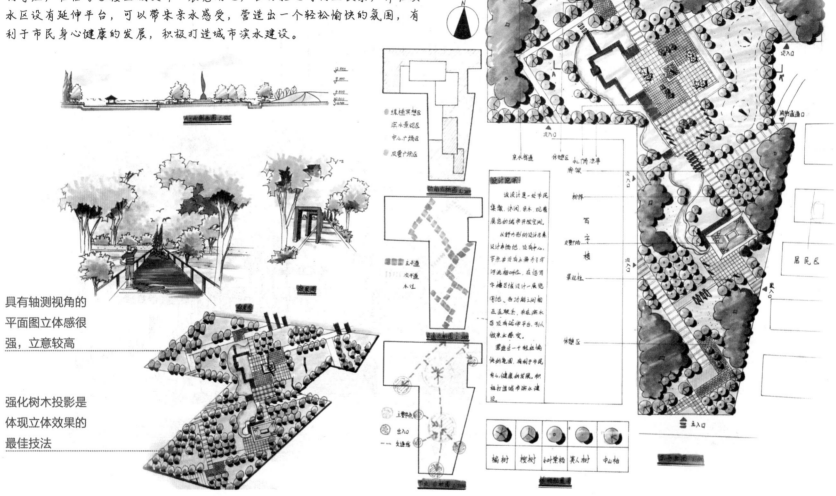

▲快题设计街心公园